SIMPLES NOTIONS

SUR L'ACHAT ET L'EMPLOI

DES

ENGRAIS COMMERCIAUX

PARIS. — IMP. SIMON RAÇON ET COMP., RUE D'ERFURTH, 1.

SIMPLES NOTIONS

SUR L'ACHAT ET L'EMPLOI

DES

ENGRAIS COMMERCIAUX

EXPOSÉ ÉLÉMENTAIRES DES FAITS
QU'IL IMPORTE AUX CULTIVATEURS DE NE PAS IGNORER

UTILITÉ DES LABORATOIRES DE CHIMIE AGRICOLE

PAR

ADOLPHE BOBIERRE

Docteur ès sciences de la Faculté de Paris, Directeur de l'École supérieure
Des sciences et des lettres et du Laboratoire de chimie agricole de Nantes
Lauréat de l'Institut
Membre correspondant de l'Académie des sciences de Madrid
De la Société impériale et centrale d'agriculture de France, etc., etc.

OUVRAGE
RECOMMANDÉ PAR LE COMICE AGRICOLE CENTRAL DE LA LOIRE-INFÉRIEURE
ET COURONNÉ (Prix Froberville) PAR LE COMICE D'ORLÉANS

**Avec Planches coloriées et Figures intercalées
dans le texte**

PARIS

VICTOR MASSON ET FILS

PLACE DE L'ÉCOLE-DE-MÉDECINE

1870

AVERTISSEMENT

Le jour où il fut explicitement déclaré par la Cour de cassation que les mesures préventives propres à protéger les cultivateurs contre les fraudes sur les engrais, — et dont un assez grand nombre d'arrêtés préfectoraux avaient assuré la longue exécution, — étaient inconciliables avec le *droit écrit*, je formai le projet de publier ce petit livre.

Tout m'y encourageait.

Je ne pouvais me dissimuler, en effet, que l'étiquetage obligatoire de la composition chimique résumée des engrais industriels courait grand risque de ne pas être formulé dans une loi à intervenir —

si toutefois cette loi était adoptée — et les idées de liberté absolue en matière commerciale qui sont aujourd'hui dans l'air motivaient mon pressentiment.

D'autre part, M. Henri Chevreau, préfet de la Loire-Inférieure, venait d'établir à Nantes un *laboratoire public de chimie agricole* qui devait être, pour l'initiative privée, un instrument dont il lui importait de se servir en vue de sauvegarder des intérêts considérables.

C'était, — et sous un nom français, — une fondation dont les comices agricoles du département, ainsi que les particuliers, pouvaient se servir à tout instant ; c'était enfin ce qu'il y a peut-être de plus facilement réalisable en France, dans l'institution allemande aujourd'hui fort à la mode sous le nom de *station agricole*. Il était urgent d'en faire connaître et la fondation et le but, d'en établir, en un mot, la raison d'être.

Dire aux cultivateurs quelles ressources leur offrent les laboratoires de chimie agricole, aujourd'hui assez nombreux, en quoi les renseignements qu'ils peuvent y trouver diffèrent par leur positivisme des utopies dangereuses des faiseurs de systèmes ; tel était le but à remplir.

J'avais pris avec moi-même l'engagement de me

consacrer à cette tâche, et j'éprouvais un désir d'autant plus vif de n'y mettre aucun retard, que le conseil général de la Loire-Inférieure en avait sympathiquement accueilli l'idée. En même temps, quelques-uns des hommes éminents qui éclairent avec tant de sagacité les intérêts agricoles du pays et surtout des régions non calcaires de la Bretagne, de la Sologne, etc., m'encourageaient à rédiger le petit catéchisme dont je leur avais soumis le plan.

Mais les exigences d'un travail assidu dans le laboratoire, et celles non moins impérieuses du professorat, limitaient à ce point mes loisirs, que la publication dans laquelle je voulais condenser un nouvel effort, était chaque jour différée à mon grand regret.

J'apporte cependant, et d'une manière bien tardive, mon léger tribut à l'œuvre si ardemment poursuivie de toutes parts, et si ces causeries familières destinées aux élèves de l'école primaire rurale aussi bien qu'aux habitants de la ferme, peuvent amener le redressement de quelques erreurs ou la diffusion de quelques vérités d'ordre pratique, on me pardonnera, je l'espère, le retard apporté au payement de ma dette.

SIMPLES NOTIONS

SUR L'ACHAT ET L'EMPLOI

DES ENGRAIS COMMERCIAUX

PREMIER ENTRETIEN

LA SCIENCE PEUT-ELLE ÊTRE UTILE A L'AGRICULTURE, ET DANS QUELLES LIMITES PEUT-ELLE LUI ÊTRE UTILE ?

D. *Vous êtes un savant !*

R. Je m'occupe de la même question depuis plus de vingt années, je vois beaucoup d'agriculteurs, j'étudie avec soin les choses qui les intéressent, je compare leurs opinions et leurs expériences, je m'applique pendant une grande partie de chaque jour à expérimenter sur les divers engrais, sur les terres arables, sur les eaux ; ce que j'ai appris chemin faisant est peut-être peu de chose, mais ce peu de chose a sa valeur pratique et je suis très-heureux d'en faire part pour qu'on suive mes avis s'ils sont sensés ou qu'on les critique s'ils sont dangereux. Si c'est là ce que vous appelez être un savant, admettons que je le sois.

sont mal réglées, que le gouvernement marche mal et que les affaires sont en souffrance, d'où je conclus que si le bien-être a augmenté, la nature des hommes n'a pas changé; et que pour le plus grand nombre, les bonnes saisons, les bons gouvernements, les bonnes affaires, le bon temps enfin, c'est la saison, le gouvernement, le commerce qui vous rappelle votre jeunesse. Tenez, monsieur, le vrai *bon temps*, c'est la jeunesse, de même que la vraie sagesse, c'est la modération dans les désirs : — voilà mon opinion. »

Ce brave homme avait cent fois raison et ceux-là même qui parmi vous ne répondraient pas comme lui entendraient s'élever en eux la protestation de leur conscience.

D. *Nous reconnaissons avec vous que la vie est devenue plus douce pour le cultivateur, mais en quoi la science a-t-elle contribué à ce résultat ?*

R. En multipliant les grandes voies de communication qui facilitent les approvisionnements ou les débouchés ;

En répandant l'instruction et détruisant les erreurs et les superstitions ;

En faisant mieux connaître les principes nécessaires à la nourriture des plantes et des animaux ;

En développant la recherche et l'emploi d'une quantité prodigieuse d'engrais délaissés ;

En augmentant par suite les rendements de la terre dans une proportion considérable.

D. *Citez-nous des faits si vous voulez nous convaincre.*

R. Cela n'est pas difficile et je vais procéder par ordre. Les télégraphes électriques font connaître instantanément l'importance des récoltes des différents pays et permettent d'établir l'uniformité des prix dans les principales matières alimentaires.

.Les chemins de fer répartissent avec une étonnante rapidité les grains, les pommes de terre, les châtaignes, les animaux, les vins, les engrais, d'un point à un autre du monde ; que l'Allemagne envoie des bœufs à la frontière de l'est, que Marseille reçoive des froments de Russie ou d'Égypte, que les départements des Ardennes, de la Meuse, de l'Aube expédient des phosphates fossiles en Sologne ou en Bretagne ; que le Havre, Nantes ou Bordeaux reçoivent des chargements de guano du Pérou, et en quelques jours, ces animaux, ces grains, ces engrais transportés avec une extrême promptitude seront répartis sur tous les points du pays.

La connaissance de l'histoire naturelle a éclairé les hommes qui s'occupent spécialement des animaux, ils ont recherché les moyens d'améliorer les races en les croisant, et de leurs études il résulte que dans un nombre d'années déterminé et sur une propriété d'une étendue fixe, on peut produire une quantité de viande bien plus considérable que par le passé.

C'est à la suite d'études vraiment sientifiques que la distillation des betteraves a été installée dans beaucoup de contrées et que les bestiaux ont été nourris avec le résidu de cette industrie.

Et voyez comme tout se tient.

Un beau jour, l'eau-de-vie devint fort chère parce que la récolte du vin avait manqué. Les savants cherchèrent à produire de l'eau-de-vie sans raisin. On imagina vingt procédés plus curieux les uns que les autres : celui-ci voulait faire de l'eau-de-vie avec de la sciure de bois, cet autre avec du gaz de l'éclairage, — ceci n'est pas une plaisanterie, — on fit fermenter et on distilla successivement les pommes de terre, les grains, les cidres et particulièrement les betteraves ; or comme la betterave, pressée et épuisée, n'était plus qu'un résidu inutile, on tenta de la donner à manger aux bestiaux. Ceux-ci engraissèrent. Ce jour-là une nouvelle industrie fut créée et on fit tout à la fois et de la viande et de l'eau-de-vie, en même temps qu'on nettoyait le sol par une culture sarclée.

Autre exemple :

Un industriel fort ingénieux cherchait à construire une lampe dans laquelle l'huile arrivât à la mèche en s'élevant régulièrement d'un réservoir intérieur. *Carcel* avait déjà résolu le problème, mais sa lampe était coûteuse et ne pouvait être achetée que par les personnes riches. La lampe *modérateur* fut inventée, et, dans le plus modeste cabaret de village, on la trouve aujourd'hui. Eh bien, ce qui vous surprendra, c'est que cette découverte a augmenté considérablement l'emploi de l'huile de colza et réagi du même coup sur l'agriculture. A son tour, la fabrication de l'huile a été cause d'une production proportionnelle de *tourteaux*, et voilà qu'un lampiste donne sans s'en douter une impulsion nouvelle à l'exploitation de la terre. C'est que, voyez-vous, il en est de ce monde, dont le grand architecte a assemblé toutes les parties, comme d'une horloge où chaque rouage est solidaire de l'ensemble. Modifiez la plus petite dent de l'une des roues et la machine entière s'en ressent.

Un dernier exemple, puisque vous m'avez demandé de vous citer des faits.

Les chimistes, en faisant un examen approfondi des cendres des végétaux, ont trouvé dans ces cendres une matière appelée *phosphate de chaux*.

Les géologues — savants adonnés à l'étude de la terre — ont reconnu que des pierres noirâtres disséminées dans l'argile de certains terrains étaient en grande partie formées de phosphate de chaux. Ces deux découvertes de la science ont causé une véritable révolution dans le commerce des engrais. En Bretagne, en Normandie, dans la Sarthe, la Mayenne, la Sologne, etc., on essaya l'emploi de ces pierres réduites en poudre et désignées sous le nom de *phosphate fossile* ; les résultats furent excellents. De grands défrichements furent ainsi effectués, l'extraction du *phosphate fossile* est devenue une sérieuse et féconde industrie.

Dans un petit village d'Espagne, appelé Logrosan, il existe un gisement de phosphate de chaux tellement important, qu'on pourrait en construire des cathédrales. Or, on ignora pendant longtemps la nature et la valeur de cette pierre et on s'en servait quelquefois pour bâtir des murs de clôture. Aujourd'hui, on s'occupe activement de son extraction et des navires la portent en Angleterre, et en France, où les agriculteurs commencent à l'employer comme engrais. — Selon la parole de l'Écriture, la pierre se change en pain ; — ici encore, vous le voyez, la science n'a pas été complétement inutile.

Depuis un certain nombre d'années, le besoin d'un peu de repos me conduit en automne dans un charmant petit port de la baie de Bourgneuf.

Le terrain de Pornic est schisteux et toute la chaux nécessaire aux nombreuses constructions qui s'y élèvent venait autrefois des environs d'Ancenis. Un maître maçon fort intelligent de la localité avisa qu'à quelques lieues en mer, près de Noirmoutiers, on pouvait à marée basse draguer un calcaire particulier dont la cuisson opérait la transformation en belle et bonne chaux. Un four à chaux fut donc élevé ; notre homme fit marché, pour l'extraction du calcaire, à tant du mètre cube ; son industrie devint sérieuse, on ne fit plus venir de chaux d'Ancenis à Pornic, et avant que la concurrence s'en mêlât, le four à chaux de Gourmalon avait donné à son propriétaire plus d'argent qu'une belle ferme en Beauce. Supposons que notre inventeur — car c'en était un — eût dit : « Nos pères faisaient venir la chaux d'Ancenis, suivons la voie tracée ; » supposons qu'il ne lui fût pas venu à l'esprit de cuire le calcaire de Noirmoutiers dans l'âtre de sa cheminée ; — je crois même pardieu ! qu'il en demanda l'analyse à un chimiste — admettons enfin, que l'esprit scientifique n'eût pas germé quelque peu dans sa cervelle, et la mer eût gardé longtemps encore le secret d'une richesse aujourd'hui exploitée.

Il me serait facile de vous citer des centaines de faits analogues et de vous démontrer que les grands progrès de l'agriculture moderne sont particulièrement dus à la *mécanique*, à la *chimie* et à cette science des animaux qu'on appelle la *zootechnie*. Un bon agriculteur tire parti des découvertes de ces sciences, il examine avec docilité, mais avec prudence, ce qu'il doit prendre ou rejeter des idées nouvelles qu'on lui soumet. Trop de confiance pourrait le ruiner, trop de défiance l'attarde. En résumé, beaucoup de bon sens lui est nécessaire et voilà pourquoi il ne saurait trop rechercher les occasions de s'instruire.

D. Voulez-vous dire qu'un simple cultivateur doit se faire juge des opinions des savants ?

R. A Dieu ne plaise ! Ce que je veux dire, c'est qu'un agriculteur doit se tenir au courant des grands faits qui dominent sa profession. Il le peut en interrogeant Pierre ou Paul, en fréquentant les assemblées des comices, en lisant quelques petits livres bien faits. Il se débarrassera ainsi de mille erreurs dangereuses qui ont cours dans les campagnes; il reconnaîtra les abus excessifs dont son ignorance le rend victime. Il perdra surtout cette déplorable habitude de viser en tout et pour tout au *bon marché* souvent si cher. Il renoncera à acheter moyennant huit francs des engrais qui en valent quinze sur les lieux de production. Il comprendra enfin que le crédit à long terme n'est le plus souvent qu'un dangereux appât offert à sa crédulité ; il deviendra alors plus riche et plus indépendant parce qu'il aura été plus éclairé.

DEUXIÈME ENTRETIEN

Les matières qu'un chimiste reconnaît et sépare les unes
des autres lorsqu'il analyse les produits du sol — végétaux
ou animaux — existaient dans l'air, dans les eaux, dans la
terre arable.

La composition de l'air est *presque invariable*, la composition des eaux est *assez variable*, la composition de la
terre arable est *très-variable*.

D. *Qu'est-ce que l'air ?*

R. C'est un mélange de matières invisibles appelées *gaz*.
Ces matières sont très-différentes les unes des autres : ce
sont l'*oxygène* et l'*azote*, plus des traces d'*acide carbonique* et enfin un peu de vapeur d'eau ou d'humidité.

D. *Quel intérêt cette connaissance peut-elle offrir à un
cultivateur ?*

R. Cet intérêt n'est pas évident à première vue, mais

lorsqu'on étudie les végétaux et l'action que les engrais ont sur leur développement, on éprouve une très-naturelle curiosité de savoir quelle part prend l'air et quelle autre part prend le sol à fournir la matière des récoltes.

D. *Que contiennent donc les récoltes ?*

R. Deux sortes de principes : les uns que l'air peut leur fournir et qu'on appelle pour cette raison *principes atmosphériques* ; les autres qu'elles ne peuvent puiser que dans le sol et qu'on nomme *principes fixes* ou *minéraux*. Vous les obtenez, ces derniers, toutes les fois que vous brûlez une plante : ce sont les *cendres*. En même temps que vous obtenez les cendres, les principes atmosphériques s'évaporent.

D. *Comment les plantes sont-elles en rapport avec l'air ?*

R. Par les feuilles, véritables appareils respiratoires qu'on a comparés à la poitrine d'un animal.

D. *Comment sont-elles en rapport avec le sol ?*

R. Par les extrémités de leurs racines qui aspirent les principaux minéraux dissous dans les eaux et les font monter dans toute la plante.

D. *Je comprends cela, mais je ne vois pas l'utilité pratique de ces connaissances.*

R. Vous allez la comprendre. Les chimistes n'ont pas le pouvoir de changer la composition de l'air et de l'eau de pluie, mais ils peuvent éclairer l'agriculteur sur la nature des eaux d'irrigation et des terres et lui démontrer que telle culture ne réussira pas dans telle nature de terrain. Ils peuvent reconnaître aussi avec certitude que telle eau d'irrigation sera précieuse ou nuisible ; cet ensemble de connaissances, le cultivateur aurait pu l'acquérir, mais au moyen d'essais prolongés et quelquefois fort coûteux.

D. *Comment un chimiste peut-il savoir qu'une terre est meilleure qu'une autre pour la culture du froment, du trèfle ou de la betterave?*

R. Parce que les plantes ont, comme les bêtes, des appétits particuliers. La nourriture qui convient aux unes ne convient pas également aux autres. Vous avez quelquefois brûlé de vieux ceps de vigne et vous avez remarqué que leurs cendres étaient très-blanches et possédaient un goût assez prononcé ; or si vous examiniez comparativement les cendres du chêne, du pin, du hêtre, etc., vous verriez qu'elles sont très-différentes et fournissent des lessives dont les qualités et la force ne sont pas identiques. Ce que je dois ajouter, c'est ce que ces différences notables existeront alors même que la vigne ou le chêne, le pin ou le hêtre seront venus sur un même terrain. Eh bien, les chimistes ont reconnu que la *chaux*, la *potasse*, la *soude*, la *magnésie*, la *silice*, l'*oxyde de fer*, les *phosphates*, sont les matières importantes des cendres, et ils ont déterminé avec soin dans quelles proportions ces matières y sont associées.

Voici un tableau dans lequel ces faits sont résumés (voy. le tableau faisant suite au volume).

La teinte bleue y représente la potasse et la soude, que l'on confond souvent sous le nom d'*alcalis*.

La teinte rouge, une substance appelée *acide phosphorique* et qui, combinée à la chaux, à la potasse ou à la magnésie, etc., forme du *phosphate de chaux*, du *phosphate de potasse*, du *phosphate de magnésie*, etc.

La teinte jaune indique la chaux.

La teinte verte représente les matières complémentaires telles que la silice, la magnésie.

Or, l'inspection de ce tableau vous démontre immédiatement les deux vérités suivantes :

Première vérité : la récolte de 1 hectare en pomme de terre appauvrit le sol de 123 kilogrammes de cendres dans lesquelles il y a 14 kilogrammes d'acide phosphorique, 2 kilogrammes de chaux, etc., tandis que la récolte en avoine (grain) n'enlève sur le même espace de terrain que 6 kilogrammes d'acide phosphorique et $1^k,600$ de chaux.

Seconde vérité : le sol doit être approvisionné soit par sa nature première, soit par une opération humaine, des principes qui sont nécessaires aux récoltes. L'épuisement de la terre arrive promptement lorsqu'on méconnaît ces lois, et c'est précisément parce qu'ils en avaient le pressentiment que vos pères laissaient reposer la terre bien qu'ils ne lui demandassent que de faibles rendements.

D. *En quoi le repos de la terre modifiait-il sa composition chimique et changeait-il les proportions de phosphates, de magnésie, de chaux ou d'alcalis de la surface arable ?*

R. Parce que la terre arable renferme tout à la fois : 1° ces principes à un état de division telle que l'eau puisse les dissoudre et les apporter aux racines; 2° ces mêmes principes à l'état de fragments grossiers, durs, peu solubles, inertes, en un mot; or l'aération du sol, la pénétration des racines, l'action des eaux pluviales et souterraines, la température, divisent peu à peu ces fragments, les dissolvent et préparent la fertilité de l'avenir. Lorsque vous retournez la terre et que vous l'exposez à l'action de l'air humide, du froid, etc., vous augmentez la solubilité de ses principes minéraux.

D. *L'amélioration par la jachère résulte-t-elle uniquement de ces influences ?*

R. Non, car à ces influences, il s'en joint une qui est fort remarquable. C'est la croissance, sur le sol, d'une quantité très-grande de végétaux sauvages.

D. *Quel est le rôle de ces végétaux ?*

R. Ils soutirent et accumulent à la surface du sol des principes qui y étaient enfouis et disséminés. Si on brûle ces végétaux, leur cendre devient un véritable engrais. Ils ont donc amélioré le sol, mais si on les donne en pâture, on reconnaît qu'ils ont tout à la fois condensé à la surface du sol, et des principes minéraux — silice, potasse, chaux, magnésie, acide phosphorique etc., — et des matières atmosphériques — charbon, hydrogène, azote, oxygène. — Ils ont solidifié de l'air.

D. *Qu'entendez-vous par ces mots : solidifié de l'air ?*

R. J'entends qu'une plante se nourrit de l'air humide, en fixant par ses feuilles, de l'azote, du charbon, de l'oxygène, comme elle se nourrit du sol en absorbant par ses racines de la chaux ou de la potasse, en même temps que les éléments de l'eau (oxygène et hydrogène).

D. *Est-ce que les plantes n'empruntent pas de l'azote, du charbon, et en général des principes atmosphériques à la terre où elles sont fixées ?*

R. Incontestablement, et ce serait faire un mauvais calcul que d'agir en agriculture comme l'ont proposé, à une certaine époque, des savants qui, au lieu d'employer le fumier en nature, — c'est-à-dire une association fort heureuse de charbon, d'oxygène, d'hydrogène, d'azote, puis de substances minérales, telles que chaux, potasse, silice, acide phosphorique — le faisaient brûler, fumaient avec la cendre et s'en rapportaient à l'air pour fournir les autres principes des récoltes.

D. *On prétend cependant qu'il y a dans la Vendée des terres où, de mémoire d'homme, le fumier n'a pas été employé. On dit qu'en ce pays, on se sert des déjections animales comme de combustible et que c'est seulement la cendre de ces déjections qui fertilise le sol.*

R. Cela est exact, mais ce qu'on a oublié de vous

Principales plantes que l'on peut considérer comme étant caractéristiques des terrains :

SILICEUX.

Avoine à chapelet.
Petite oseille.
Genêt commun.
Bruyère commune.
Bruyère cendrée.
Réséda jaune.
Plantain corne de cerf.
Ajonc marin.
Fougère femelle.
Genêt des Anglais.
Genêt sagitté.
Spergule des champs.

Caille-lait jaune.
Fléole des sables.
Sabline pourpre.
Sabline à feuilles menues.
Canche naine.
Canche blanchâtre.
Fétuque rouge.
Orpin âcre.
Orpin blanc.
Bouleau commun.
Châtaignier commun.
Pin maritime

CALCAIRES.

Mercuriale annuelle.
Sauge des prés.
Sauge fétide, ou ballote.
Marrube.
Arrête-bœuf.
Mélampyre rouge.
Lupuline.
Pavot coquelicot.

Centaurée scabieuse.
Fumeterre.
Caille-lait tricorne.
Chardons.
Potentille printanière.
Seslérie bleuâtre.
Frêne commun.
Noisetier commun.

ARGILEUX.

Ajonc marin.
Laiches.
Prêles ou queues-de-cheval.
Persicaire.
Agrostis traçante.
Vulpin genouillé.
Sureau yèble.
Laitue vireuse.

Lotier corniculé.
Saponaire officinale.
Dactyle pelotonné.
Brunelle à grandes fleurs.
Tussilage ou pas d'âne.
Aristoloche commune.
Chicorée sauvage.

D. *Démontrez nous qu'il y a eu utilité pour quelqu'un à demander des renseignements sur la composition de la terres ou des eaux.*

R. Très-volontiers et il me suffira pour vous satisfaire d'ouvrir mon registre de laboratoire. Il contient des faits nombreux, mais je me bornerai à vous en citer quelques-uns.

I

Demande de renseignements sur une terre dure et grise, trouvée dans une propriété de la Vendée, et que l'on considérait comme une marne.

Cette terre renferme :

Argile très-fine	19,80
Chaux	40,90
Matières volatiles au rouge[1]	57,30
Magnésie	2,00
	100,00

Répondu que cette substance n'est pas seulement une marne, mais qu'elle fournit par la cuisson une bonne chaux hydraulique ; elle a donc une assez grande valeur.

---

[1] On n'a pas cru devoir énoncer ici les détails analytiques de cet examen.

II

Demande de renseignements sur une matière grise trouvée en Maine-et-Loire.

Cette matière contient :

Argile	25
Carbonate de chaux	75
	100

L'examen des propriétés de cette terre, rapproché de l'analyse chimique, établit que c'est une marne de bonne qualité.

III

Demande de renseignements sur le sous-sol d'un terrain situé près d'une vigne.

Ce sous-sol est constitué par une argile jaune à petites paillettes brillantes (*argile micacée*) ; on y a trouvé :

Alumine	13,50
Eau volatile à la chaleur de l'eau bouillante	4,00
Eau volatile au rouge	4,50
Silice	61,50
Rouille ou oxyde de fer	6,00
Magnésie	5,12
Chaux	6,00
Potasse	1,55!...
Soude, etc	3,83
	100,00

1 hectare de cette terre, sous une épaisseur de 25 centimètres, représente *plus de quarante mille kilogrammes de potasse*.

Répondu qu'en exposant cette argile en petits tas à l'action de l'air et surtout en la mélangeant avec de la chaux, on la convertirait en un excellent engrais pour la vigne.

IV

Demande de renseignements sur une terre grise, très-lourde et assez grasse de la Loire-Inférieure (on croit que c'est une marne).

L'analyse a fait reconnaître que cette terre ne renferme que de l'argile légèrement ferrugineuse et qu'elle ne contient pas de calcaire (ou carbonate de chaux).

V

Demande de renseignements sur une pierre de couleur noire grisâtre, très-dure, se réduisant sous le pilon en une poudre d'un gris verdâtre.

L'analyse a fourni :

Matières volatiles au rouge.	7
Sable ferrugineux	15
Phosphate de chaux	65
Carbonate de chaux, etc.	15
	100

Répondu que cette matière est un précieux engrais valant

environ 12 francs les 100 kilogrammes sur les lieux de consommation, après mouture. C'est du phosphate fossile.

VI

Demande de renseignements sur une eau consommée par des animaux chez lesquels une épidémie s'était déclarée.

L'analyse permit de reconnaître que 1 litre de cette eau contenait l'énorme dose de 9 grammes de résidu par litre. Dans ce résidu il y avait des substances salines et des matières végétales en décomposition.

Répondu qu'un bœuf qui consommerait par jour 40 litres de cette eau introduirait dans son estomac 400 grammes d'un résidu dont l'effet serait très-nuisible.

On changea les animaux de prairie et l'épidémie disparut.

VII

Demande de renseignements sur une eau trouble, jaunâtre, tachant le linge et que l'on hésitait à employer.

L'analyse a fait reconnaître :

1° Que cette eau ne renfermait pas de matières animales ou végétales ;

2° Qu'elle ne contenait par litre que 7 décigrammes de matières minérales (silicates alcalins, oxyde de fer, sel marin, chlorure de magnésium, traces de plâtre).

Répondu que l'aération de cette eau et son dépôt dans

un réservoir amèneraient probablement sa purification, prévision que l'expérience a confirmée.

VIII

Demande de renseignements sur une eau de puits réputée excellente depuis de longues années, et pour laquelle les chevaux manifestaient de la répugnance.

Trouvé dans cette eau des substances animales à odeur de purin.

Répondu que des infiltrations provenant d'un dépôt de fumier étaient cause de la détérioration de l'eau. Conseillé d'éloigner le tas de fumier, de curer le puits et d'y plonger pendant quelques semaines un sac plein de charbon de bois. L'eau est redevenue potable sous l'influence de ces moyens.

Je ne voudrais pas prolonger cet entretien outre mesure; je ne vous citerai donc pas de nouveaux faits, mais ceux que j'ai choisis me semblent de nature à vous inspirer quelque confiance dans les renseignements que peut vous fournir la science en général et la chimie en particulier.

D. *Les chimistes, nous le reconnaissons, peuvent trouver certaines qualités ou certains défauts des matières utiles au cultivateur, mais les circonstances dans lesquelles il y a utilité à les consulter sont exceptionnelles. D'autre part, il n'y a pas toujours besoin d'être un savant pour reconnaître qu'une eau est infectée par des infiltrations de purin.*

R. Je l'admets avec vous pour les cas où les faits sont énergiquement accusés, et puis il y a bien des hommes intelligents qui sont en réalité plus savants qu'ils ne le pensent, mais n'insistons pas sur ce point pour le moment et réservez votre jugement jusqu'à notre premier entretien.

TROISIÈME ENTRETIEN

Un cultivateur qui soigne mal son fumier, c'est un marchand qui place son argent dans un sac mal cousu. La partie utile du fumier s'évapore et s'écoule comme les petites pièces d'argent glissent et se perdent : le purin qui va au ruisseau, c'est la pièce d'argent qui tombe dans la poussière du chemin. Comme rien n'est perdu dans ce monde, purin et monnaie seront utilisés au profit d'une plante et d'un homme, mais cette plante et cet homme ne seront pas ceux auxquels une prévoyante sagesse devait consacrer le produit du travail.

Bien soigner son fumier, c'est le tenir dans un état d'humidité qui favorise les fermentations, mais c'est aussi s'opposer à ce que le liquide précieux qui l'imprègne aille se perdre dans les rigoles; enfin bien soigner son fumier, c'est quelquefois comprendre l'immense avantage qu'on peut avoir à y incorporer des engrais commerciaux, tels que phosphates fossiles, poudres d'os, etc., etc.

D. *Est-il vrai que le fumier ait été pendant longtemps un mal nécessaire et qu'il soit avantageux de le remplacer par des engrais achetés chez les droguistes et qui tiennent fort peu de place ?*

R. Vous me posez une question assez grave et dont la discussion complète me ferait sortir du cadre de nos entretiens : il s'agit ici en effet de chimie, mais aussi de cette science générale qu'on appelle l'économie agricole.

D. *On nous avait dit que les chimistes connaissaient parfaitement tout ce qui touche à la question des fumiers.*

R. Du bon sens, un peu de chimie et beaucoup d'expérience des affaires de l'agriculture, voilà ce qu'il faut pour juger sainement cette grosse question de la composition des fumiers, de leur utilité et du prétendu avantage de leur suppression.

D. *Expliquez-vous plus clairement.*

R. Je vais l'essayer. On a fait de nombreuses analyses chimiques de fumier ; elles ont, pour les hommes qui étudient à fond les phénomènes naturels, un intérêt très-grand, mais il n'est pas démontré que ces analyses aient été d'un grand secours aux agriculteurs, tandis que de saines remarques sur les récoltes produites avec :

Du fumier frais ou consommé,

Du fumier lavé ou non lavé,

Du fumier couvert ou exposé au soleil,

Du fumier employé seul ou mélangé avec des débris d'os ou des phosphates fossiles,

Du fumier d'étable ou des fumiers artificiels,

Du fumier d'étable, dans lequel la tourbe, la terre ou la marne sont substituées à la litière de paille :

Ont eu une importance qu'on ne saurait méconnaître. C'est par de telles observations, accessibles à tout praticien intelligent, qu'on est arrivé à un ensemble de connaissances positives, formant un précieux héritage pour les jeunes cultivateurs.

D. *Quels sont les principes contenus dans le fumier?*

R. Des débris de paille, des urines, des excréments, représentant tous les éléments utiles aux plantes et qu'on nomme *principes atmosphériques* et *principes fixes*, sans attacher toutefois une trop grande importance à ces mots.

D. *Pourquoi ne pas y attacher d'importance?*

R. Parce que s'il est vrai que les principes salins, fixes ou minéraux, ne peuvent être fournis à la plante que par le sol, les matières atmosphériques, — azote, oxygène, hydrogène, carbone, peuvent provenir, tout à la fois, de l'air et du sol.

D. *Vous nous avez déjà parlé de pays où l'on brûlait les fumiers et où l'on employait leur cendre comme engrais. On peut donc faire de la culture sans fumier?*

R. Jusqu'à un certain point ; mais j'ai eu soin de vous dire que les terres où se faisait une telle culture étaient exceptionnellement riches et pourvues de matière organique ; aussi lorsqu'on a tenté de généraliser une telle méthode qu'un illustre savant avait préconisée comme excellente, on a complétement échoué.

D. Les produits chimiques qu'on offre, pour remplacer les fumiers, sont-ils analogues aux cendres de cet engrais ?

R. En grande partie. Ce sont particulièrement des phosphates, des sels de potasse et de chaux — matières que contiennent, en effet, les cendres des végétaux ; — on y ajoute des sels ammoniacaux et du salpêtre, qui, prétend-on, suppléent à la matière végétale et animale.

D. On nous a affirmé que ces mélanges donnaient de magnifiques récoltes de froment et de betteraves.

R. On vous a dit la vérité, mais ce qu'on aurait pu ajouter, c'est qu'on ne sait pas encore quel sera l'effet d'une telle manière de cultiver, lorsqu'une dizaine d'années se seront écoulées. Il n'y a en agriculture de véritable expérience sérieuse que celle dans laquelle un temps assez long intervient pour sa légitime part.

D. Est-il vrai que l'action du fumier ne réside que dans l'action de la potasse, de la chaux, de la magnésie, de l'acide phosphorique et de la matière azotée qu'il renferme ?

R. C'est une grande et dangereuse erreur. Non-seulement le fumier est un engrais précieux, parce que dé-

bris de la végétation et de la vie, il apporte à la surface de
la terre arable tous les éléments nécessaires aux plantes,
mais aussi, — gardez vous de l'oublier, — parce qu'il divise
le sol, y favorise la circulation de l'air, et y entretient une
favorable humidité. D'autre part, il fournit peu à peu, par
sa décomposition, les éléments nécessaires aux récoltes ; il
se transforme en une substance brune, dont l'égale répar-
tition améliore le sol ; — une terre bien fumée et devenue
brune, est dite riche en *humus*. — La présence de l'humus
est précieuse, car avec son aide, la terre devient apte à fixer
et à emmagasiner des principes atmosphériques, ainsi de-
venus des engrais : c'est ce qui arrive lorsque cette terre
se salpêtre.

Comme vous le voyez, le fumier n'est pas seulement
une substance utile, parce qu'il renferme tel ou tel élément chimique : c'est l'engrais par excellence, parce que
son emploi maintient le sol dans un état de division, d'humidité, de richesse en humus, favorable aux plantes et
leur permettant de résister aux intempéries.

D. *Le fumier contient-il beaucoup de matières inutiles ?*

R. Je ne sais jusqu'à quel point on peut appeler inutile
l'eau, qui, sous forme d'urine, baigne la litière et les excréments solides des animaux dans le fumier ; toutefois, il est
vrai que, dans cet engrais, il y a de 65 à 84 centièmes
d'eau, pour seulement 24 à 11 centièmes de matières organiques et 11 à 5 centièmes de matières minérales. Ces
proportions varient selon la quantité de litière mise sous

les animaux, l'état plus ou moins consommé du fumier, etc.; on calcule qu'un poids de 100 kilogrammes de fumier, *ramené à l'état sec*, peut donner lieu au dégagement de 2^k,500 environ d'un gaz fertilisant très-précieux, qu'on appelle *ammoniaque* [1]. Comme vous le voyez, l'ammoniaque n'existe pas à dose bien élevée dans le fumier, puisque, dans cet engrais à l'état humide et tel que vous l'employez, il n'atteint pas la dose de *un pour cent*. Cette dose peut s'abaisser encore si le purin est perdu, si la fermentation est mal conduite, si, en un mot, le cultivateur oublie son intérêt le plus évident. Il y a des cantons suisses où les cultivateurs comprennent si bien cela, qu'ils entourent leurs tas de fumiers avec des tresses de paille ; la présence de ces tresses a le double avan-

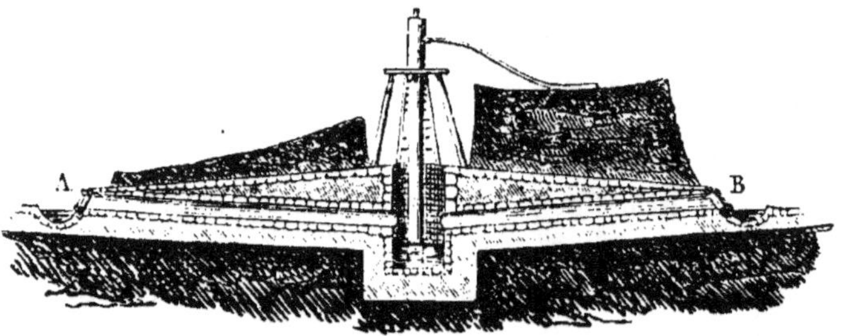

Fig. 1. Tas de fumier de Grignon avec sa pompe d'arrosage.

tage de préserver l'engrais contre une évaporation trop rapide, et d'empêcher le dégagement de l'ammoniaque. A Grignon, le fumier est si admirablement soigné, si régulièrement arrosé par le purin remonté, au moyen d'une

[1] L'ammoniaque est formée d'azote et d'hydrogène.

pompe, que le tas est uniforme dans toutes ses parties et semble une éponge imprégnée de liquide fertilisant.

En résumé, ce n'est pas seulement l'analyse chimique qui nous donne le secret de cet engrais type qu'on appelle le fumier : c'est surtout l'observation générale, l'interprétation d'une longue expérience, je dirai presque le bon sens.

D. *Il n'y aurait donc pas de principes inutiles dans le fumier ?*

R. Les substances prétendues inutiles jouent, comme je viens de vous le dire, une rôle aussi important que complexe dans la série des fermentations du fumier.

D. *Est-il vrai que la matière azotée, le phosphate de chaux et la potasse résument l'action du fumier comme la quinine résume l'action du quinquina ?*

R. Cela n'est pas exact, parce que le mode d'association physique de ces principes dans le fumier a une influence énorme sur leurs transformations chimiques, de même que l'union de la quinine avec d'autres substances actives dans le quinquina a aussi son importance. Les médecins des pays où règnent les fièvres intermittentes savent très-bien que le quinquina coupe des fièvres rebelles à l'action du sulfate de quinine [1].

---

[1] MM. Lawes et Gilbert, qui ont soumis pendant longtemps des terres au régime exclusif des engrais chimiques en Angleterre, déclarent nettement que, malgré les énormes récoltes obtenues par ce moyen, ils ne recommandent en aucune manière l'abandon du fumier, abandon qui, dans leur opinion, serait une hérésie écono-

D. *Vous nous avez parlé d'améliorations du fumier par certains engrais commerciaux; quels sont ces engrais?*

R. Les phosphates fossiles, les débris d'os, lorsqu'on peut s'en procurer, seront avantageusement introduits dans vos fumiers. Ils deviennent plus solubles, plus actifs par ce moyen, et vous augmentez la valeur de l'ensemble. Lorsqu'on connaissait à peine, en France, les phosphates fossiles dont M. Demolon préconisait l'emploi, je conseillais souvent aux cultivateurs d'en jeter sous les animaux ou d'en étaler de petites couches dans les fumiers; les résultats ont toujours été excellents.

D. *Mais cela constitue un excédant de dépense, et le tas de fumier, en somme, n'est pas plus gros qu'auparavant.*

R. Je suis fort aise de vous entendre faire une pareille objection; elle repose sur une idée fausse que je veux détruire. Vous me rappelez ce voyageur débarquant aux colonies, et qui disait que tous les nègres se ressemblent. Un peu d'observation lui eût fait voir des différences sensibles qui lui avaient échappé à première vue. Sachez bien qu'un mètre cube de fumier peut avoir des richesses fort différentes, selon qu'il a été bien ou mal traité, selon qu'on l'a employé tel quel ou additionné de matières fertilisantes complémentaires. Le volume est une apparence et pas

mique. MM. Lawes et Gilbert ne regardent les engrais chimiques que comme des auxiliaires précieux du fumier. C'est ce qu'on a compris et pratiqué en Bretagne depuis environ quarante ans.

autre chose ; la composition est une réalité. Il en est du fumier comme de ces grosses betteraves dont l'aspect séduit, mais qui sont aqueuses et peu nutritives : aussi les cultivateurs du Nord, si experts en cette matière, se gardent-ils bien de les produire. Un blanc d'œuf qui tiendrait dans le creux de votre main peut devenir gros comme vos deux poings si vous le battez fortement : ce n'est pourtant qu'un blanc d'œuf, et son volume n'est qu'une apparence. Les mauvais fumiers, lavés, épuisés, pailleux, légers sont le blanc d'œuf battu que je vous citais ; ils semblent être quelque chose, ils ne sont en définitive presque rien.

D. *Comment peut-on faire du fumier artificiel ?*

R. En accumulant des débris végétaux, tels que broussailles, genêts, jeunes ajoncs, feuilles mortes, fougères, etc., y ajoutant, si on le peut, des tourteaux et y incorporant des phosphates fossiles, des charrées, des cendres ou poudres d'os ; puis, arrosant le tout de manière à y entretenir une lente fermentation. Il n'y a pas à cet égard de règle absolue. Une masse végétale, qui s'est transformée en matière brune et dans laquelle on incorpore du phosphate de chaux et des sels de potasse, est toujours un bon engrais. J'ai vu M. Liazard, lauréat de la prime d'honneur en Bretagne, obtenir un excellent fumier artificiel, en mélangeant 150 mètres cubes environ de broussailles, de végétaux de landes, avec 38 mètres cubes de fumier d'étable. Il ajouta par couches à cet ensemble :

```
 4 hectolitres   poudre d'os, à . . . . .   10ᶠ »   40ᶠ »
20      —        tourteau d'arachide, à. .  10  »  200  »
18      —        cendre de varech, à. . .    » 60   10 80
25      —        urine, à . . . . . . . .    » 75   18 75
12      —        matières fécales, à. . . .  1 25   15  »
Frais pour ramasser les broussailles, transports,
  arrosements . . . . . . . . . . . . . . .        165  »
                                                   ———————
                   TOTAL. . . . . . .              449ᶠ 55
```

Il obtint 242 mètres cubes d'excellent fumier. En retranchant les 58 mètres de fumier d'étable qui y avaient été mélés. il reste 204 mètres de fumier artificiel, représentant la somme de 449 francs 55 c., ce qui porte le mètre à 2 francs 20 c.

Fig. 2. Tas de fumier arrosé avec le purin.

D. *Pourriez-vous nous citer des faits établissant l'avantage qu'il y a à mélanger le phosphate fossile au fumier?*

R. J'en connais un grand nombre. Tout d'abord ceux observés en Vendée par un riche et intelligent cultivateur, qui fit répandre du phosphate fossile sous les animaux d'une de ses étables, et conserva à part le fumier qui en provenait. Il fuma comparativement des maïs avec ce fumier et avec celui des autres étables. Le résultat fut très-significatif et l'effet du phosphate évident pour tous.

Un très-honorable cultivateur du Finistère, M. L. de Kerjegu, déclarait, il y a quelques années, à la commission d'enquête des engrais qu'avec du fumier seul, il obtenait un froment pesant 73 à 74 kilogrammes l'hectolitre et donnant une farine grise. L'addition du phosphate à la fumure faisait monter le poids du froment à 78 kilogrammes et la farine était blanche.

Un autre cultivateur, M. Lobit, se montrait, il y a quelques années, très-satisfait du mélange de 500 kilogrammes de phosphate fossile avec 45 mètres cubes de fumier d'étable. A cet égard, tous les témoignages concordent.

D. *A quelle dose faut-il mélanger le phosphate fossile au fumier?*

R. A la dose de 1 kilogramme chaque jour par tête de gros bétail ou de 10 kilogrammes par 100 têtes de moutons.

Un mot encore sur ce sujet : mon but est plutôt de vous entretenir de l'achat et de l'emploi des engrais commerciaux que des faits nombreux et intéressants qu'un agriculteur doit étudier, s'il tient à honneur de bien connaître la question des fumiers ; or, je ne connais pas de petit livre mieux fait pour vous éclairer sur ce dernier sujet que celu de M. Girardin, intitulé *des Fumiers et autres engrais ani-*

maux. Je vous le recommande avec la conviction qu'il vous sera très-utile.

C. *Avant de nous quitter, dites-nous d'une manière nette s'il faut abandonner le fumier pour les engrais chimiques.*

R. Il faut employer du fumier, qui est le meilleur des engrais, mais il faut le produire dans de bonnes conditions. Il est souvent fort utile de l'enrichir par des phosphates fossiles. Quant aux *engrais chimiques*, je vous engage à les essayer, mais avec prudence, et sans oublier qu'ils doivent être l'accessoire et non le principal. En Bretagne, en Sologne, dans le Berry, la Dombes, on fait un très-grand emploi du noir animal, du phosphate fossile, des poudres d'os privés de gélatine, des charrées, du guano. — Ce sont en réalité des engrais chimiques, — et on n'a pas pour cela abandonné le fumier. Dans le nord de la France, et par une bonne administration des propriétés, par l'emploi des tourteaux, des matières de vidanges, des fumiers, on est arrivé à faire rendre aux terres de 35 à 50 hectolitres de beau froment par hectare[1]. Vous voyez que le fumier n'est pas aussi coupable qu'on veut bien le dire. N'oubliez pas, d'ailleurs, que le jour où les cultivateurs abandonneraient systématiquement le fumier pour des produits industriels, tels que le sulfate d'ammoniaque, le salpêtre, le phosphate de chaux, ces matières deviendraient extrêmement chères. Depuis qu'on fait des essais un peu multipliés, le sulfate d'ammoniaque a monté de

[1] Récolte de 1868.

35 à 44 francs les 100 kilogrammes!... Que serait-ce si les simples essais devenaient des pratiques générales? A mon tour, j'adresse cette question à votre bon sens[1].

[1] On a cherché depuis quelque temps à accréditer cette idée que la culture du froment à l'aide du fumier, avec le système triennal, donnait un rendement de 14 hectolitres à l'hectare et que la culture alterne telle qu'on la pratique aujourd'hui ne permet pas de dépasser 20 hectolitres.

Une enquête très-sérieuse, récemment développée à la Société impériale et centrale d'agriculture, a démontré l'inexactitude de ces chiffres. La vérité, c'est que l'on obtient dans plusieurs départements bien cultivés jusqu'à 30 et 40 hectolitres de froment à l'hectare.

QUATRIÈME ENTRETIEN

D. *Pourquoi voulez-vous nous entretenir des poudrettes et du guano péruvien dans la même conférence ?*

R. Parce que ces deux engrais sont des excréments analogues à bien des points de vue; parce que, dans l'un comme dans l'autre, on trouve réunis et facilement assimilables par les plantes tous les principes qui conviennent aux végétaux.

D. *Pourquoi nous parlez-vous plus particulièrement du guano péruvien que des guanos de Swan, Baker, Mexillonnes, etc. ?*

R. Parce que le guano péruvien renferme des matières azotées intimement unies aux phosphates et aux sels de potasse et de chaux, tandis que les guanos dont vous venez de prononcer les noms ne sont autre chose que les résidus de guano type. Ils ont été lavés par les eaux pluviales et il n'en reste que les sels fixes et insolubles, notamment le phosphate de chaux. C'est pour cela que je les classerai parmi les noirs d'os, les cendres d'os et les phosphates fossiles.

D. *Qu'est-ce que la poudrette?*

R. C'est le produit de la dessiccation ou séchage des matières solides contenues dans les excréments humains.

D. *Les matières solides des excréments sont-elles plus riches que les liquides?*

R. Un homme rend en moyenne et par jour 171 gr. de matières solides et 1 kil. d'urine.

c'est-à-dire : { par les urines, $10^{gr},68$ d'azote
{ par les excréments solides, 0 ,42

Vous voyez que, comme source d'azote, les produits liquides sont les plus précieux ; c'est vous dire le soin avec lequel un cultivateur devrait recueillir, puis verser sur son tas de fumier ou sur des matières absorbantes toutes les urines de sa maison.

D. *La quantité de 171 grammes de matière solide rendue par un homme en 24 heures représente-t-elle de la substance sèche?*

R. Non. Cette matière solide contient 77 p. 100 d'eau environ; c'est pour cela que, dans les localités où les cultivateurs n'emploient pas les matières de vidange à l'état pâteux et telles qu'on les retire des fosses d'aisance, le commerce fait dessécher ces substances : elles sont ainsi transformées en poudrettes dont le transport et la vente sont faciles.

D. *Quelle est la composition moyenne de la poudrette du commerce ?*

R. La poudrette des environs de Paris contient de 1,25 à 1,50 et quelquefois 1,70 p. 100 d'azote. C'est également la richesse des poudrettes fabriquées à Nantes, à Bordeaux et dans quelques autres localités.

D. *Quelles sont les autres matières que renferme la poudrette ?*

R. De la matière organique, des sels de chaux, des phosphates, du sable et de l'humidité.

D. *La poudrette est-elle toujours le produit de la dessiccation des matières de vidange ?*

R. Non. Quelquefois on mélange ces matières avec des tourbes sèches qui facilitent l'évaporation de l'humidité. A Nantes, on opère ainsi et on obtient des poudrettes contenant de 1,60 à 1,80 p. 100 d'azote. Dans les poudrettes de cette dernière ville, dont l'hectolitre de 75 kilogrammes se vend 2 fr. 75, j'ai trouvé en moyenne 20 p. 100 d'eau et 25 p. 100 de terre et sable.

D. *Comment peut-on reconnaître qu'une poudrette est falsifiée ?*

R. En la faisant analyser par un chimiste qui dosera l'humidité, le sable, la matière organique, les phosphates et l'azote qu'elle renferme. Les phosphates d'une bonne poudrette s'élèvent généralement à la dose de 10 p. 100.

D. *La poudrette est-elle, en somme, un bon engrais?*

R. C'est un excellent engrais dans les terrains calcaires, mais dans les sols siliceux et argileux où réussit le noir animal, la poudrette a l'inconvénient de *pousser à la paille;* il convient donc, ou de l'employer mélangée à des phosphates ou de la destiner à un but tout spécial, comme la culture des prairies. Ce que je vous dis là est le fruit d'une longue expérience[1].

D. *On nous a dit que, sur le bord de la mer, la poudrette donnait de bons résultats, même dans les terrains siliceux et argileux.*

R. C'est exact; mais au bord de la mer, le calcaire, sous des formes nombreuses — sables, débris de coquilles, moules fraîches, goëmons, etc., — intervient dans les cultures et modifie la constitution primitive du terrain. Je ne sais même pas jusqu'à quel point les vapeurs continuelles de la mer n'influent pas sur la richesse des terres en principes minéraux.

D. *Est-ce que vous ne nous parlerez pas maintenant de l'emploi des matières de vidange à l'état liquide?*

R. Non, cela nous entraînerait trop loin; mon but est

[1] En Chine comme en France, on a reconnu que la poudrette employée seule développe trop exclusivement les feuilles. (*Enquête sur les engrais industriels*, page 607.)

surtout d'appeler votre attention sur l'achat et l'emploi des principaux engrais du commerce. Cette fois encore, je vous renverrai au petit livre de M. Girardin, intitulé : *des Fumiers*. Vous y trouverez de fort intéressants détails sur l'engrais humain, et vous verrez quel énorme parti ont su en tirer les agriculteurs de la Flandre[1].

D. *Parlez-nous du guano.*

R. Le guano est un engrais jaune dont l'odeur forte rappelle tout à la fois l'alcali volatil et la bête fauve. Il est en poudre grossière, de couleur jaune foncée, et on y trouve des mottes dont la cassure est d'un gris jaunâtre.

D. *Quelle est l'origine de cet engrais?*

R. C'est un composé dans lequel on trouve tout à la fois des fientes d'oiseaux, des plumes, des débris de poissons. Le temps, la chaleur ont déterminé la transformation partielle de cette masse, dont la composition est assez régulière.

D. *Le guano du Pérou a-t-il toujours la même origine?*

R. Non. Il y a du guano d'oiseaux, mais on connaît aussi du guano de phoques, marsouins, etc. Les cadavres de ces animaux, leurs excréments, des débris de poissons dont ils font leur nourriture, tout cela ramolli, soudé, modifié par la fermentation, constitue un guano particulier

---

[1] Consulter aussi mes leçons de *Chimie agricole*, publiées sous le titre suivant : *l'Atmosphère, le sol, les engrais.*

qu'on appelle dans le pays *guano de lobos* (ou de loups de mer).

D. *Que renferme le guano du Pérou?*

R. Voici sa composition moyenne, d'après des analyses très-nombreuses :

Matières organiques.. . . . . }	54,27
Sels ammoniacaux . . . . }	
Phosphates de chaux et de potasse. . .	23,49
Sels alcalins	2,49
Humidité.	18,50
Sable..	1,26
	100,00

Azote contenu dans 100 parties de guano.   13,56

Telle est la composition normale du guano du Pérou provenant des îles Chinchas. C'est un engrais très-riche, dont le prix de vente n'est pas aussi élevé que celui de bien des engrais commerciaux, et qui ne saurait être cependant employé d'une manière exclusive sans inconvénients.

D. *Est-il vrai que les gisements de guano du Pérou soient à la veille de s'épuiser?*

R. Il est vrai que les îles Chinchas ne contiennent aujourd'hui que très-peu de guano ; mais le Pérou possède d'autres gisements appelés îles Lobos, îles Macabi, îles Guanape : et si les évaluations sont exactes, il faudra une trentaine d'années pour l'enlèvement de la masse d'engrais contenue sur ces îles.

D. Ces nouveaux gisements sont-ils aussi riches que ceux des îles Chinchas?

R. Je crois qu'ils fournissent un guano contenant moins d'azote. C'est, au surplus, une question grave et qui ne peut manquer d'être bientôt résolue. Si je n'ai à cet égard qu'une présomption, c'est que je n'ai analysé qu'un petit nombre d'échantillons de guano péruvien inférieur.

D. Quel est le prix du guano péruvien?

R. Trente et un francs vingt-cinq centimes les 100 kilogrammes.

D. Quelle est la garantie que doit rechercher le cultivateur lorsqu'il achète le guano?

R. Il doit tout d'abord, s'il ne peut s'adresser directement aux agents du gouvernement péruvien à Nantes, le Havre, Bordeaux, Dunkerque ou Marseille, regarder avec la plus grande attention le plomb au moyen duquel le sac est scellé. Ce plomb doit être intact et porter la désignation suivante :

La lettre N indique le port d'arrivée (Nantes), B indique Bordeaux, H le Havre, etc.

Quelquefois le guano a été mouillé par l'eau de mer ; on le dit alors *avarié*, bien qu'il soit le plus souvent très-bon; il porte alors le plomb représenté ici.

Les sacs de guano avarié ont une bande bleue destinée à attirer l'attention du consommateur.

D. *Vous venez de dire que le guano avarié était souvent de bonne qualité. Est-ce un fait bien constaté?*

R. C'est un fait tellement constaté, qu'autrefois les marchands d'engrais achetaient ces guanos à bas prix, les faisaient sécher et les revendaient comme guano pur. J'ai fait, en 1864, des analyses dont je vais reproduire les chiffres, et vous verrez que, ramené à l'état sec, le guano avarié par l'eau de mer était encore un engrais très-riche.

DÉSIGNATION.	GUANO [1] SAIN.	GUANO AVARIÉ.	GUANO AVARIÉ ET SÉCHÉ A L'AIR.	GUANO AVARIÉ SÉCHÉ A L'ÉTUVE.
Humidité.	16,60	53,00	10,50	20,00
Sable.	1,20	1,60	1,10	1,00
Matières organiques et sels ammoniacaux.	52,40	40,50	52,70	46,70
Acide phosphorique.	12,55	11,65	17,07	14,17
Chaux, etc.	17,25	13,47	18,85	18,15
Azote dans 100 de guano humide..	14,77	10,25	13,60	12,81
Azote dans 100 de guano sec. .	17,70	15,20	14,60	16,00
Phosphate de chaux correspondant à l'acide phosphorique pour 100 de guano humide. .	27,2	25,2	37,0	50,70
Phosphate de chaux pour 100 de guano sec..	32,00	37,00	41,00	58,00

En consultant ces chiffres, qui établissent surtout la
faible déperdition en azote du guano avarié, il ne faut pas
oublier qu'ils se rapportent à un engrais commercial dans
lequel il y a des mottes réparties quelquefois assez inégale-
ment ; aussi voyez-vous le guano séché à l'étuve contenir
(*pour 100 de matière sèche*) un peu plus d'azote que le
guano non séché ; cela peut vous sembler impossible, mais
on se l'explique cependant par la difficulté de prendre des
échantillons moyens ; l'étuvage avait eu lieu, du reste, su
des quantités considérables et non dans un laboratoire.

[1] Navire *Shoting Star.*

En somme, vous voyez que les guanos avariés par l'eau de mer et séchés sont encore très-riches en azote, et il peut y avoir avantage à les acheter, mais à la condition de les soumettre à l'analyse.

D. *Comment fraude-t-on le guano du Pérou?*

R. De bien de manières; on le mélange avec des sables jaunes très-fins, avec du phosphate fossile, de la marne jaunâtre; mais ces moyens sont grossiers et de moins en moins employés, parce que la facilité de faire analyser les guanos augmente chaque jour. La plupart des falsifications consistent aujourd'hui à mélanger du guano péruvien avec des guanos *non azotés,* mais d'une belle couleur jaune, tels que les guanos de Malden-Island, de Swan, de Baker, de Mexillonnes. Ces matières, ne renfermant pas sensiblement d'azote, sont à bas prix dans le commerce, et on les obtient en moyenne à 16 francs les 100 kilogrammes. On les mélange donc par moitié avec le vrai guano; on a grand soin de répartir dans les sacs quelques-unes de ces mottes bien intactes qui sont caractéristiques de 1 provenance péruvienne, et sur les sacs on place un plomb de la même dimension que ceux du Pérou.

D. *Ces mélanges ont-ils une fâcheuse action sur les terres?*

R. Lorsqu'ils sont faits avec du guano pur et des sables jaunes, comme certain *guano perfectionné* que j'ai analysé un jour, et qui contenait 10 p. 100 d'argile ferrugineuse et 8 p. 100 d'azote seulement, il faut évidemment s'en délier; mais, lorsqu'ils sont le produit d'un mélange de guano riche en phosphate avec le guano péruvien, ils peuvent convenir parfaitement à certains terrains, et il y a sagesse à les employer, mais à la condition de les payer ce qu'ils valent.

D. *La première précaution consiste donc à examiner le plomb des sacs?*

R. Certainement, et à bien s'assurer aussi que les coutures de ce sac sont intactes. Le guano *perfectionné* dont je vous parlais tout à l'heure, et qui depuis reçut le nom de *guano mixte*, portait le plomb que voici :

La fraude était donc audacieuse.

Souvent des mélanges portent des plombs sur lesquels on lit :

Guano du Pérou et Swan;

Guano du haut Pérou (ce qui veut dire Bolivie) ;

Guano métis ;

Guano du Pérou et des îles Baker.

Sur quelques-uns de ces plombs, il y a une corne d'abondance ; sur d'autres une gerbe, un soleil, une étoile. Il faut y regarder de très-près et se rappeler une fois pour toutes :

1° Que le plomb du véritable guano péruvien porte *une corne d'abondance* et les mots GOUVERNEMENT DU PÉROU.

2° Que la facture du marchand doit porter, sur la demande de l'acheteur, la désignation formelle : GUANO DU PÉROU GARANTI PUR.

A ces conditions, vous ne serez jamais trompés, et si vous aviez quelques doutes, rien de plus facile que de vous renseigner, car il existe aujourd'hui, en France, un grand nombre de laboratoires où les analyses s'exécutent, soit gratuitement, comme à Nantes, Orléans, Rennes, etc., soit à prix très-réduit.

D. *Quel est le prix des guanos mélangés?*

R. Il est quelquefois énorme, et c'est la crédulité seule des acheteurs qui le fixe. Il y a quelques années, j'ai vu proposer et vendre pour guano du Pérou, au prix de 35 francs, un mélange de chair et de sang desséchés dans lequel on avait ajouté des râpures d'os et de cornes. C'était, il faut l'avouer, une fraude bien grossière. Récemment, un agriculteur de la Touraine, M. le docteur de Saive, m'envoya un échantillon de guano de superbe aspect, vendu dans sa localité sous le nom de guano péruvien et au prix de 37 fr. 50 les 100 kilogr. Voici ce qu'il renfermait, d'après mon analyse :

Eau.	16,40
Matières organiques et sels ammoniacaux.	26,80
Sable.	7,00
Phosphates de chaux et de magnésie.	25,60
Matières non dosées.	24,20
	100,00

Azote dans 100 parties.	4,95

Soit environ 5 pour 100 d'azote, au lieu de 12 à 14 pour 100.

Le préjudice causé à l'acheteur était énorme, et on dut faire droit à sa juste réclamation.

Je ne crois pas avoir besoin d'insister plus longtemps, et vous devez comprendre l'importance des précautions minutieuses et des analyses, lorsqu'il s'agit d'acheter le guano du Pérou.

D. *Les mélanges de guano péruvien sont-ils toujours frauduleux*[1] ?

R. Non-seulement ils ne sont pas frauduleux, lorsqu'on les vend *pour ce qu'ils sont*, mais souvent il y a avantage à les employer. J'ai bien des fois conseillé aux agriculteurs des terrains *non calcaires* l'emploi des mélanges de guano Baker, Mexillonnes, Swan, Malden-Island, etc., avec le guano péruvien. Il peut également convenir de mélanger du noir animal riche en phosphates avec du guano. En un mot, le guano, comme tous les engrais très-azotés, ayant dans les terres non calcaires l'inconvénient de développer la feuille aux dépens du grain, il convient de compenser cette action par l'emploi combiné d'un guano ou d'un engrais très-riche en phosphates.

D. *L'emploi du guano péruvien dispense-t-il des engrais de ferme?*

R. Rien ne dispense des fumures ordinaires. Elles sont,

---

[1] Les guanos mixtes présentés au laboratoire public de la Loire-Inférieure contiennent généralement de 4 à 7 p. 100 d'azote.

ne n'oubliez jamais, la base de l'agriculture rationnelle et l'usage exclusif du guano aurait de graves inconvénients[1]; mais ce qui en a de plus graves encore, c'est l'apathie des cultivateurs, lorsqu'ils font acquisition de ce riche engrais.

D. *Qu'est-ce qu'un guano artificiel?*

R. On a donné ce nom à des engrais qui ne ressemblent ni par l'origine ni par la composition chimique au guano péruvien, mais qui sont riches en azote et en phosphates.

---

[1] Voici les conclusions d'un savant agriculteur allemand à cet égard :

1° On ne peut généralement compter avec quelque certitude sur les bons effets du guano et des engrais artificiels qu'autant qu'ils trouvent dans le sol de la *vieille force* résultant d'anciennes fumures ou de débris organiques, tels que racines de trèfle, etc.;

2° Sous l'empire d'une sécheresse persistante, non-seulement le guano ne produit pas toute son action, mais il peut même exercer une influence fàcheuse sur la végétation ;

3° Le guano, dissous dans l'eau, agit d'une manière très-remarquable sur les plantes qu'on arrose avec cette dissolution, et cette action est d'autant plus intense que, pour une même quantité d'engrais, les arrosages se répètent plus souvent et à petites doses ;

4° Par l'emploi exclusif du guano continué pendant plusieurs années, les terres fortes se tassent et les terres légères perdent de leur cohésion ; sans compter que le guano ne produit pas dans le sein de la terre la chaleur humide qu'y développe la fermentation du fumier d'étable ;

5° Dans l'état actuel de l'agriculture, il est impossible de se passer du fumier d'étable. Les engrais végétaux ou les fumures vertes peuvent seules le remplacer jusqu'à un certain point. »

(Voy., pour plus de développements, mes Leçons de chimie agricole publiées sous le titre : *l'Atmosphère, le sol, les engrais.*

D. *Comment fabrique-t-on les guanos artificiels?*

R. En mélangeant des éléments phosphatés, tels que poudre, menus fragments, râpures, cendres ou charbons d'os, avec des éléments azotés comme chairs, sang, débris de poissons, cornes, cornes grillées, sels ammoniacaux ; et en y ajoutant quelquefois des sels de potasse.

D. *Quelle est la richesse de ces engrais ?*

R. Elle est extrêmement variable selon les fabricants, les prix de vente et les cultures auxquelles l'engrais est destiné.

Voici quelques analyses de *guanos artificiels* relevées sur le registre de mon laboratoire. Les fabricants qui les produisent ne leur donnent pas tous la désignation de *guanos artificiels ;* toutefois je les ai rassemblés dans une même catégorie, parce que les consommateurs les désignent généralement de la même manière.

DÉSIGNATION.	PROVENANCE.	EAU.	MATIÈRES ORGANIQUES.	SELS ALCALINS.	PHOSPHATE DE CHAUX.	SUBSTANCES NON DOSÉES.	AZOTE DANS 100 PARTIES.
Guano artificiel Derrien.	Nantes.	16,40	55,60	»	29,8	18,20	4,23
Idem.	»	20,00	42,50	»	26,50	11,00	7
Engrais Pichelin, dit guano de la Motte-Beuvron.	Lamotte-Beuvron.	12,00	»	»	35 à 40	»	6 à 7
Engrais Jaille.	Agen.	8 à 12 %	45 à 60	»	15 à 20	»	7 à 10
Guano artificiel Français (Cauchois).	Creil.	»	58	5,20	50	28,80	4,56
Engrais Laracine.	Lyon.	52,60	5?,90	»	16,50	12,00	4,74
Guano de poissons Rohart.	Norvége.	10,00	56,40	0,89	50,10	2,61	8,60
Guano Rouche.	Nantes.	»	»	»	50	»	1,5
Guano artificiel (têtes de sardines dé-graissées). Auvilain [1]	Ie Croisic.	5	69,90	5	12,00	10,10	4,85
Guano artificiel Leroux [2]	Nantes.	14	62	1,0	17,90	5,1	11,72

[1] Cette fabrication est effectuée au moyen du dégraissage des têtes et débris de sardines par le sulfure de carbone, que j'ai expérimenté et proposé en 1868. (*Journal d'agr. pratiq. Bulletin de la Soc. impériale et centrale d'agr. Annales de la Soc. académ. de Nantes.*)

[2] Obtenu par la torréfaction des cornes et os.

L'inspection de ces chiffres vous démontrera facilement la différence qui existe entre les divers guanos artificiels du commerce, et par suite la nécessité de n'en faire l'acquisition qu'avec garantie d'analyse. Autant que possible, tâchez de ne pas payer l'azote des engrais plus de 2 francs le kilogramme, et le phosphate de chaux plus de 20 c.

D. *Est-ce que l'azote ou le phosphate des divers engrais a toujours la même valeur?*

R. Non. La valeur des principes azotés ou phosphatés varie en raison de leur état de cohésion, de dureté, de division, et, en un mot, de leur aptitude à se décomposer plus ou moins dans le sol pour fournir la nourriture aux plantes.

D. *Pouvez-vous nous citer des exemples à l'appui de ce principe?*

R. En voici de très-simples. L'azote contenu dans les os n'a pas la même valeur que l'azote contenu dans le sang ou la chair desséchée, car il est très-lentement assimilable. L'azote de la chair musculaire a plus de valeur à son tour que l'azote des débris de cuir. Le phosphate de chaux des pierres extraites du sol vaut moins que celui des os, car il agit plus lentement. Il faut donc faire analyser les engrais, mais il faut aussi s'enquérir de l'origine des substances qui les constituent.

CINQUIÈME ENTRETIEN

D. *Nous savons que les os, comme tous les débris ani-maux, sont de bons engrais. Pouvez-vous ajouter quel-que chose aux notions que nous possédons sur ce sujet?*

R. Je puis tout d'abord éveiller votre intérêt en vous expliquant le mode d'action de l'os en agriculture : je puis également vous donner des renseignements utiles sur la manière la plus profitable de l'employer.

D. *Comment l'os est-il formé ?*

R. Par l'enchevêtrement de deux substances distinctes : l'une combustible qu'on appelle *matière animale, osséine, gélatine ;* l'autre fixe, blanche, et qui forme la cendre des os brûlés; c'est surtout un mélange de phosphate et de carbonate de chaux. Voici des expériences bien simples qui ne laissent aucun doute à cet égard; un instituteur peut les répéter devant ses élèves.

Un fragment d'os, placé dans du vinaigre ou dans de l'acide muriatique du commerce, se ramollit promptement. Les sels calcaires (phosphate et carbonate) se sont dissous. L'*osséine* ou matière animale combustible transparente et molle est restée inattaquée.

Un fragment d'os, jeté dans un foyer, brûle en donnant une magnifique flamme blanche ; l'os noircit, puis bientôt blanchit, et enfin il reste un fragment calcaire poreux, une cendre, en un mot, dans laquelle l'analyse fait reconnaître la présence du phosphate et du carbonate de chaux.

Ainsi : un réseau de sels calcaires et un réseau de matière animale, unis l'un à l'autre, et pouvant être éliminés l'un ou l'autre sans que la forme générale soit altérée : voilà l'os.

D. *L'os ne renferme-t-il pas de matière grasse ?*

R. L'os renferme 9 à 10 pour 100 de graisse, dont on recueille la moitié ou les deux tiers dans l'industrie.

D. *Quelle est la composition chimique d'un os ?*

R. Elle varie un peu selon la place que l'os occupait dans le squelette de l'animal : ainsi les côtes diffèrent un peu des os de la jambe ; d'autre part, les os du commerce sont plus ou moins humides, plus ou moins mélangés à des substances étrangères. Quoi qu'il en soit, les nombreuses analyses de poudres et râpures d'os que j'ai faites m'ont donné des chiffres qui se rapprochent assez sensiblement les uns des autres ; les voici :

DÉSIGNATION.	HUMIDITÉ ET MATIÈRE ANIMALE COMBUSTI-BLE.	PHOSPHATE DE CHAUX.	SABLE INSOLUBLE ET INERTE.	CARBONATE DE CHAUX, ETC.	AZOTE DANS 100 PARTIES.
Râpures d'os.	57,88	51,00	4,80	6,52	5,20
Débris d'os..	41,70	47,00	1,50	4,80	5,00
Poudre d'os ayant fer-menté...	»	»	»	»	4,15

L'os nous offre donc une source de matière azotée, d'acide phosphorique, de chaux, dont la désagrégation lente explique l'excellente action comme engrais. La perte du moindre fragment d'os est un crime, et vous devez vous attacher avec le plus grand soin à recueillir ces matières, à les diviser et à les introduire dans vos fumiers.

D. *L'os agit-il rapidement comme engrais?*

R. Il agit lentement, parce que l'union de la matière animale avec les sels calcaires est très-intime et s'oppose énergiquement à la décomposition de la masse.

D. *Comment peut-on activer l'effet des os?*

R. En les concassant en petits fragments, qu'on met dans les fumiers, en les grillant légèrement dans un four, de manière à les jaunir sans les carboniser ; ils deviennent alors très-friables et on peut aisément les réduire en poudre avec un maillet. Sachez aussi que le dégraissage des os par leur passage dans l'eau bouillante rend leur

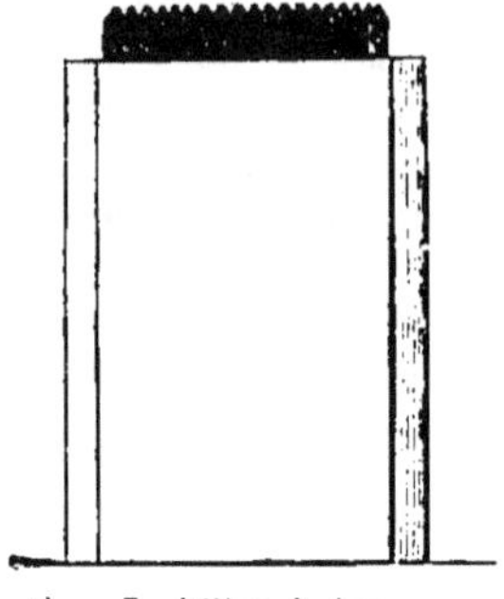

Fig. 3. Billot à écraser
les os.

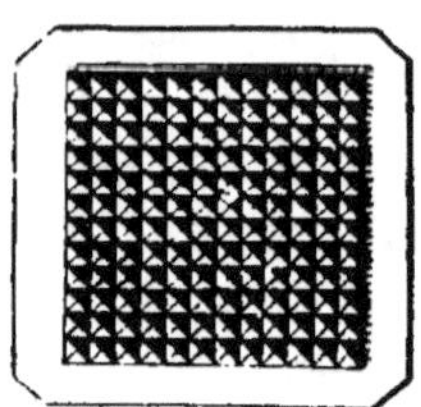

Fig. 4. Plaque de fer à pointes de
diamant qui surmonte le billot.

fermentation plus facile. Les os en poudre sont, en Angleterre, l'objet d'une grande faveur de la part des cultiva-

Fig. 5. Masse pour écraser les os.

teurs [1] ; en France, on les emploie moins, mais ils entrent
chez l'agriculteur sous forme de noir animal ou comme
élément des guanos artificiels.

D. *Les os en poudre ou en râpures sont-ils falsifiés ?*

R. Ils contiennent souvent du sable ou de l'humidité en
excès, et il est bon d'avoir recours à l'analyse pour s'assurer de leur qualité.

[1] A Hull (comté d'York) et dans les environs de Londres, on
compte un grand nombre de moulins pouvant broyer 20,000 kilogr.
d'os par jour.

D. *Qu'appelle-t-on os dégélatinés?*

R. Ce sont de très-bons engrais provenant des fabriques de colle forte. Dans ces fabriques on a fait bouillir les os

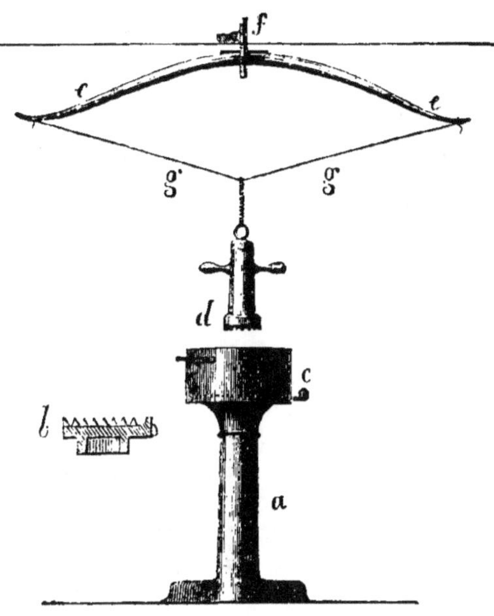

Fig. 6. Casse-os Rohart[1].

pour en éliminer l'*osséine*, ou matière organique, et la livrer au commerce sous le nom de *gélatine* ou colle forte.

[1] Cet instrument consiste tout simplement : 1° en un billot A à tête de fonte cannelée B, surmonté d'une cuvette en fonte C à charnière mobile, faisant office de mortier ; 2° en une mailloche D, dont la tête est taillée en pointes de diamant, et dont le milieu est traversé par une double poignée en croix ; 3° d'une perche en bois flexible E E, courbée en forme d'arc, fixée par son centre au plafond F, et garnie d'une forte corde G. G., à laquelle est suspendue la mailloche. Celle-ci peut donc être facilement élevée ou abaissée sur les os contenus dans la cuvette. La forme creuse de cette dernière permet d'éviter la projection des os en tous sens, et quand il

Il est donc resté une véritable éponge de sels calcaires : mais la matière organique n'ayant pas été entièrement enlevée, il en reste assez pour déterminer dans l'engrais une fermentation favorable et un dégagement d'azote, sous forme d'ammoniaque. A l'état normal, comme je vous l'ai dit, l'os se décompose difficilement et il est permis de se demander si, malgré la déperdition de matière animale qu'il a subie, l'*os dégélatiné* — c'est ainsi qu'on l'appelle dans le commerce — n'est pas quelquefois plus actif que l'os ordinaire en fragments grossiers. Je vous engage à faire des expériences pour vous en assurer.

D. *Quelle est la composition chimique des os dégélatinés ?*

R. Voici les chiffres de mes dernières analyses.

PROVENANCE.	HUMIDITÉ.	MATIÈRE ANIMALE COMBUSTIBLE.	RÉSIDU INSOLUBLE INERTE.	PHOSPHATE DE CHAUX.	CARBONATE DE CHAUX, ETC.	AZOTE DANS 100 PARTIES.
Inconnue	17,00	23,20	5,60	43,00	11,20	»
Paris.	7,00	21,55	traces	66,00	5,65	1,42
Niort.	8,00	18,00	1,00	67,00	6,00	»
Idem.	10,00	18,00	2,00	65,00	5,00	0,94
Idem.	5,50	20,00	3,40	67,40	3,90	1,80

s'agit de la décharger, on découvre la tête du billot, on balaye sa surface, on replace la cuvette et on fait une nouvelle charge.

Deux ou trois cents kilogrammes d'os *torréfiés*, c'est-à-dire *roussis* au four, peuvent être facilement réduits en poudre, en un jour, à l'aide du *casse-os*.

D. *Quels sont les autres produits d'os que l'on trouve dans le commerce des engrais?*

R. On trouve des *cendres d'os* qui viennent de l'Amérique du Sud, mais qui sont en général achetées par les fabricants de guanos artificiels; ces cendres contiennent de 65 à 85 p. 100 de phosphate de chaux. On trouve, enfin, l'engrais si connu aujourd'hui, sous le nom de *noir animal* et dont j'ai à vous entretenir longuement.

D. *Qu'est-ce que le noir animal?*

R. C'est la matière noire obtenue lorsqu'on chauffe les os, à la température rouge, dans un vase hermétiquement fermé.

D. *En quoi le noir animal diffère-t-il de l'os?*

R. Parce que la substance que nous avons appelée *osséine* a été décomposée par la chaleur, et qu'à sa place il n'est resté qu'un résidu de charbon, tapissant la partie calcaire et fixe de l'os.

D. *Le charbon d'os, ou noir animal, contient donc et des sels calcaires et du charbon?*

R. Précisément.

D. *Dans quelle proportion ces principes sont-ils associés?*

R. Voici ce que révèle l'analyse :

DÉSIGNATION.	CHARBON AZOTÉ.	SABLE.	PHOSPHATE DE CHAUX.	Carbonate de chaux, sels solubles, oxyde de fer.	AZOTE DANS 100 PARTIES.
Noir en grains. . .	10,8	2,8	81,7	4,7	9,5
Noir en poudre. . .	12,6	2,7	75,1	11,6	11,2

D. *Pourquoi la composition de ces deux noirs n'est-elle pas la même?*

R. Parce que le blutage sépare les portions les plus tendres de l'os, et que celles-ci fournissent plus de charbon et moins de sels calcaires que les autres.

D. *Nous voyons par l'analyse que le noir d'os contient beaucoup moins de charbon que de sels calcaires.*

R. C'est vrai. Du reste, je vous ai cité la composition d'un noir parfaitement carbonisé, et il arrive souvent que la dose de charbon azoté s'élève à 15 ou 16 p. 100. — Malgré cela, les propriétés absorbantes et désinfectantes du noir animal tiennent autant à la manière dont le charbon est réparti dans ses milliers de pores ou cavités, qu'à la quantité même de ce charbon.

D. *Les agriculteurs emploient-ils le noir animal neuf?*

R. Rarement. Il est trop cher.

D. *Quelle serait son action sur la terre?*

R. Dans les terres dépourvues de sels calcaires, il apporterait la chaux et l'acide phosphorique ; dans les terres de landes en défrichement, il neutraliserait les acides du sol ; par ses propriétés absorbantes, d'autre part, il fixerait les gaz fertilisants et en localiserait l'action ; enfin il favoriserait la formation du *salpêtre*[1], qui est un engrais fort actif.

D. *Si le noir d'os, neuf ou vierge, n'est pas employé par les agriculteurs, à quel usage est-il donc destiné ?*

R. A la fabrication du sucre. Dans les *sucreries*, on emploie le noir en grains pour décolorer les sirops et les dépouiller du grand excès de chaux que le travail y a introduit ; dans les *raffineries*, on emploie du noir en grains pour le même but et du noir fin pour la clarification du sucre.

D. *Pourquoi établissez-vous une distinction entre les sucreries et les raffineries ?*

R. Les sucreries sont les usines où on extrait le sucre des végétaux qui le contenaient — de la betterave par exemple — tandis que les raffineries sont les établissements destinés à faire subir au *sucre brut* une simple purification et à l'amener à l'état de *sucre en pains*.

---

[1] Le salpêtre est le produit de la combinaison d'une substance telle que chaux, potasse, soude, magnésie avec l'acide nitrique ou azotique formé de deux éléments de l'air, qui sont l'oxygène et l'azote. Dans l'eau de pluie on trouve toujours un peu de cet acide.

D. Quels sont les changements que subit le noir animal lorsqu'il a servi dans les usines?

R. Dans les sucreries, *le noir en grains* s'est surtout chargé de carbonate de chaux, et comme par des fermentations, des lavages et des calcinations successives, on le *révivifie* constamment, il arrive à perdre de plus en plus sa matière charbonnée et devient enfin gris, lourd, et dépourvu de propriétés absorbantes, car ses pores sont obstrués par la matière calcaire ; alors, on le vend aux marchands d'engrais, qui le plus souvent le réduisent en poudre et le mélangent avec de la tourbe animalisée et des substances analogues.

Dans les raffineries, la transformation qui s'opère est plus compliquée [1]. Le noir en poudre est jeté dans le sirop à clarifier, qui a déjà reçu un peu de bouillie de chaux ; on ajoute à ces matières du sang de bœuf et on porte le liquide à l'ébullition. Le sang se fige bientôt, et l'écume qui se forme à la surface du sirop emprisonne le noir et de la chaux ; cette écume est jetée sur des filtres en coton et bien lavée ; on la presse et on la livre aux cultivateurs, sous le nom de *résidu* ou *noir de raffinerie.*

D. Nous voyons qu'il y a une grande différence entre le noir de sucrerie et le noir de raffinerie ; l'analyse chimique indique-t-elle cette différence?

---

[1] Il n'est pas question ici, bien entendu, du noir en grains que les raffineurs mettent dans leurs filtres et qui ne se charge que de prinipes colorants.

R. Non-seulement l'analyse indique cette différence d'origine, mais elle permet de reconnaître que dans telle raffinerie, on met plus ou moins de sang, relativement au noir, dans la chaudière à clarifier. Du reste, l'aspect, la finesse, l'odeur des noirs est caractéristique. Voici des chiffres fournis par l'analyse.

DÉSIGNATION.	CARACTÈRES EXTÉRIEURS.	RICHESSE EN PHOSPHATE DE CHAUX.	RICHESSE EN CARBONATE DE CHAUX.
NOIRS DE SUCRERIES. Noir des sucreries du Nord.	Gros grains.—Couleur grise. — Odeur nulle. — Pesant 100 kilogrammes l'hectolitre	66 à 75 %	16 à 25 %
Noir venant de Liverpool.	Grain assez fin. — Couleur noire mate. —Odeur nulle.— 100 kilogrammes l'hectolitre.	72 à 85 %	4 à 9 %
NOIRS DE RAFFINERIE. Résidu de raffinerie de Nantes	Matière spongieuse couverte de moisissures. — Mélange de poudre et de mottes dures. — Odeur spéciale de fermentation.	55 à 66 %	5 à 8 %
— — de Marseille	Belle couleur noire. Idem.	65 à 69 %	7 à 9 %
— — du Havre.	Couleur brune foncée. — Odeur animale assez forte.	45 à 50 %	5 à 7 %
— de Bordeaux.	Belle couleur noire. — Mottes et poudre exhalant une franche odeur de fermentation.	65 à 67 %	6 à 8 %

D. Pourquoi ne mentionnez-vous pas l'humidité de ces divers noirs ?

R. Parce que cette humidité est très-variable et qu'il vaut mieux adopter un terme fixe de comparaison, c'est-à-dire l'état sec.

D. Combien les noirs renferment-ils d'humidité ?

R. Les noirs de sucrerie en renferment de 5 à 10 p. 100 en moyenne et les noirs de raffinerie 52 à 58 p. 100.

D. Est-ce que le commerce n'offre pas aussi des noirs fins contenant 82 à 84 p. 100 de phosphate de chaux ?

R. Oui, ce sont des noirs obtenus en carbonisant les os dégélatinés dans lesquels, vous le savez, il reste un peu de matière animale. Ces noirs sont généralement vendus aux marchands d'engrais, qui les font entrer dans les mélanges.

D. Vous ne nous avez pas parlé du principe animal ou de l'azote renfermé dans les noirs : pourquoi ?

R. Parce que ce sujet n'a d'intérêt qu'en ce qui concerne les noirs de raffinerie, dont nous aurons à nous entretenir dans quelques instants.

D. Est-il vrai qu'il soit impossible, ou au moins très-difficile, de trouver du noir pur dans le commerce ?

R. C'est une assertion absurde que des esprits chagrins ou des marchands de mauvaise foi s'obstinent à propager ;

la vérité, c'est qu'un cultivateur intelligent, qui veut payer le noir 15 francs l'hectolitre lorsqu'il vaut 15 francs et qui cherche à se rendre compte de la composition de ce qu'il achète, trouve *toujours* du noir non fraudé. Savez-vous à qui se vend surtout le noir fraudé? C'est à ces laboureurs entêtés et ignorants, sur qui les enseignements désintéressés n'ont pas de prise ; c'est aux acheteurs séduits par un crédit à long terme dont le taux d'intérêt est énorme ; c'est enfin à ces braves gens qui, entre un noir à 15 francs l'hectolitre et un noir à 8 francs, choisissent le dernier et répondent invariablement à ceux qui voudraient les éclairer, comme certain Bas-Breton dont voici les paroles :

> Ludu du a zo a tao ar memez tra, ludu du
> Le noir est toujours même chose, du noir.

Croyez qu'il y a des négociants honnêtes qui aimeraient beaucoup mieux vendre du noir pur à bénéfice raisonnable que d'avoir affaire à des intermédiaires qui falsifient cet engrais et perçoivent le plus clair des bénéfices.

D. *Comment le noir animal agit-il dans la terre ?*

R. Je vous répondrai en admettant que le noir est employé seul. En pareil cas, il faut distinguer les deux sortes de noir dont je vous ai décrit tout à l'heure les caractères.

1° Le *noir de raffinerie* agit par l'azote (1,8 à 2 p. 100) contenu dans le sang figé qu'il renferme ; cet azote transformé en ammoniaque devient la nourriture des plantes ; il agit aussi par sa chaux et son acide phosphorique, dont l'extrême division facilite la dissolution et l'absorption par les racines de ces plantes ; à la dose de 4 ou 6 hectolitres par hectare, il produit d'excellents effets.

2° Le *noir de sucrerie*, qui ne renferme que des traces insignifiantes d'azote, est rarement employé en grains, et, comme je vous l'ai dit, il est surtout acheté par les fabricants d'engrais, qui le mélangent avec des substances animales ; cependant, lorsque son grain n'est pas trop gros, il produit un bon effet dans les terres riches en humus et dans les défrichements. On peut avantageusement le mêler à des fumiers, à des débris de poisson, à des matières de vidanges. Il est d'un emploi économique.

D. *Pourriez-vous nous donner quelques renseignements sur la valeur commerciale de ces différents noirs ?*

R. Volontiers. Je vous rappellerai tout d'abord que les analyses chimiques se font sur 100 parties en *poids de matière sèche*, et que les marchés se font sur *l'hectolitre de matière humide*. Or, voici deux exemples de vente.

I

Achat d'un noir de raffinerie.

1 hectolitre de ce noir est vendu 15 francs.

L'analyse qui vous est présentée dit que cet engrais renferme 63 p. 100 de phosphate de chaux.

Si vous voulez vous rendre un compte exact de ce que

vous faites, voici les questions que vous devez chercher à résoudre :

Quel est le poids de l'hectolitre?

Combien le noir renferme-t-il d'humidité?

L'hectolitre pèse, je suppose, 96 kilogrammes.

Séché sur une pelle, le noir perd 35 p. 100 d'eau.

Si 100 kilogrammes de noir contiennent 35 kilogrammes d'eau, les 96 kilogrammes formant l'hectolitre représentent donc :

$$
\begin{aligned}
&\text{Noir réel} \dots\dots\dots\dots\dots\dots 62^k,400\\
&\text{Eau} \dots\dots\dots\dots\dots\dots\dots\dots 33^k,600\\
&\hspace{4cm}\overline{\hspace{3cm}}\\
&\hspace{2.5cm}\text{Total} \dots\dots\dots 96^k,000
\end{aligned}
$$

Pour vos 15 francs vous avez donc $62^k,400$ de noir réel. Mais l'analyse établit que le noir sec renferme 65 p. 200 de phosphate de chaux; dans vos $62^k,400$ il y en aura donc $39^k,312$[1] de phosphate de chaux. Or vous payez 15 francs : cela mettrait le phosphate de chaux à 58 francs les 100 kilogrammes, si on faisait porter à cette matière tout le poids de la dépense; mais vous ne devez pas oublier qu'il faut en bonne logique payer aussi :

1° La matière animale du sang ;

2° L'*état physique* de l'engrais, qui le rend propre à une action sûre et prompte.

D. *Je comprends bien qu'il faille tenir compte de la*

---

[1] Il suffit donc de multiplier par le chiffre de l'analyse, qui est 65, la quantité de noir sec contenu dans un hectolitre et de diviser par 100 pour avoir la proportion exacte de phosphate qu'on achète.

matière animale, c'est un poids de substance utile qu'on me livre : mais j'ai de la peine à admettre que ce que vous appelez l'état physique se paye. Expliquez-vous plus clairement.

R. Vous savez que le pain rassis se digère mieux que le pain tendre. Eh bien, cela tient tout simplement à un *état physique* distinct et nullement à une perte d'humidité, comme on l'a cru longtemps. De même il y a du phosphate de chaux venant d'Espagne qui, bien que fort riche à l'analyse, agit lentement parce qu'il est dur, compacte et peu soluble. Or si vous mettez 100 kilogrammes de phosphate d'Espagne et 100 kilogrammes de phosphate d'os dans la même pièce de terre, le phosphate d'os agira plus vite, bien qu'à la longue l'autre agisse également. L'intérêt de l'argent dépensé sera donc plus vite obtenu dans un cas que dans l'autre : la propriété d'agir promptement est donc une valeur réelle pour un engrais, et un noir de raffinerie *chaud* qui, par la fermentation de sa masse, agit sûrement et vite, doit être vendu plus cher, à composition égale, qu'un noir à action très-lente.

II

Achat d'un noir de sucrerie ou de fabrique de gélatine.

Un hectolitre de ce noir est vendu 12 francs.

L'analyse constate une richesse de 72 pour 100 de phosphate de chaux.

Il faut encore ici vous renseigner sur le poids de l'hecto-litre et la dose d'humidité, etc., en un mot suivre la marche que je vous ai indiquée. Vous arrivez alors à constater que : si le noir pèse 100 kilogrammes l'hectolitre et renferme 5 pour 100 d'eau, on vous livre en réalité 95 kilogrammes de marchandise. 95 kilogrammes de noir à 72 pour 100 de phosphate représentent $68^{kil},400$ de ce principe fertilisant. Enfin les $68^{kil},400$ étant payés 12 francs, les 100 kilogram-mes sont vendus à raison de 17 francs.

D. Comment ! voilà du phosphate payé 58 francs dans le premier cas et 17 francs seulement dans l'autre ? mais il y a donc folie à acheter du noir résidu de raffinerie ?

R. Ne nous pressons pas de tirer une telle conclusion de cet examen des faits. Vous devez comprendre que les offres et les demandes de noir de raffinerie, qui se sont trouvées en lutte depuis de longues années, n'ont pas amené la fixation d'une valeur commerciale sans que cette valeur ait sa raison d'être. Cependant il faut reconnaître que l'agriculteur intelligent peut souvent trouver le phosphate à un prix plus avantageux que celui qui vous a justement frappé tout à l'heure.

D. Je ne vous comprends plus.

R. Je vais tâcher de me faire comprendre :
L'acheteur paye dans le noir résidu de raffinerie des choses de natures différentes. Il paye le phosphate de chaux et la matière azotée, mais il paye également :

L'*état physique*, c'est-à-dire la contexture, qui favorise le prompt effet sur la plante ;

Puis la belle couleur noire, la finesse souvent très-grande, choses assez insignifiantes pour l'agriculteur, mais auxquelles les fabricants d'engrais ont donné une valeur réelle sur le marché ; car, grâce à ces propriétés, une petite quantité de noir peut être mélangée à des tourbes ou à des substances analogues et donner au produit fabriqué l'aspect de résidu pur sortant de la raffinerie.

D. *Comme ces qualités particulières nous importent peu, il faut donc renoncer à acheter du noir de raffinerie?*

R. Je ne serai pas aussi absolu. Il y a des circonstances où un engrais rapidement énergique peut être payé assez cher ; toutefois, je vous recommande, en principe général, à vous cultivateur qui ne recherchez que des effets et non des apparences, de ne jamais acheter les noirs résidus de clarification très-fins et très-beaux de couleur, et de choisir, parce que leur prix est plus avantageux, ces résidus du Havre, de Hollande, etc., dont la couleur est brune, l'odeur désagréable et la texture grossière ; ces matières conviennent peu aux fraudeurs ; leur prix de vente se rapproche par conséquent de leur valeur agricole.

D. *Ces noirs sont-ils riches en phosphate de chaux?*

R. Leur richesse varie, elle s'élève de 48 à 55 pour 100 et plus; mais, si pour les besoins de vos cultures[1] il vous

[1] J'ai évité d'aborder les questions relatives à *l'emploi* des en-

convient d'augmenter leur richesse, vous pouvez facilement les mélanger avec des noirs de sucrerie, en grains ou moulus, avec des os dégélatinés, avec des phosphates fossiles. Vous aurez ainsi de bons résultats sans les payer d'une manière abusive.

D. *Comment le cultivateur doit-il s'y prendre pour ne pas être trompé lorsqu'il achète du noir animal ?*

R. Il doit prendre un échantillon du noir et le soumettre à l'examen d'un chimiste, qui déterminera la richesse de l'engrais sec, puis dosera l'humidité. Muni de ce renseignement, l'acheteur fera peser 1 hectolitre du noir, et, grâce à ces données, il fera le calcul très-simple que je vous ai indiqué tout à l'heure. Enfin, il demandera une facture et y fera spécifier formellement que le noir est *sans mélange* et renferme tant de phosphate de chaux.

Ce n'est pas tout, l'acheteur devra demander au marchand un petit sac, flacon, boîte en fer-blanc, dans lequel un échantillon du noir sera déposé *sous le cachet du vendeur.* Avec une facture mentionnant la pureté du noir, et cet échantillon cacheté, le cultivateur trompé pourrait se faire rendre justice, alors même que le noir serait depuis longtemps enfoui dans le sol. Je me résume :

Connaître le poids de l'hectolitre ;

grais pour telle ou telle culture déterminée ; c'eût été sortir du cadre que je m'étais imposé. Je renvoie le cultivateur qui désirerait des détails circonstanciés sur l'usage des engrais à mes Leçons de chimie agricole (*Atmosphère, sol, engrais*). Ils consulteront aussi avec fruit le *Petit cours de chimie agricole* de M. Malaguti, le *Traité des fumiers* de M. Girardin.

Connaître l'analyse ;

Demander une facture ;

Conserver un échantillon ;

Je pourrais ajouter : éviter le crédit autant que possible, telles sont les précautions à prendre.

D. *Tout cela est bien compliqué.*

R. Tout cela n'est compliqué qu'en apparence. Au surplus, vous serez largement récompensés de vos peines si vous cherchez à vous rendre un compte exact de vos achats, et je ne comprendrais pas pourquoi, vigilants comme vous l'êtes pour la vente vos récoltes, vous deviendriez insouciants et apathiques lorsqu'il s'agit de vous procurer la matière première de ces mêmes récoltes. Ce serait là une faute que vous ne voudrez pas commettre.

Avant de terminer cet entretien, je vous citerai quelques exemples de falsification du noir animal, que l'analyse a permis de dévoiler et de combattre.

Il y a quelques années, on apporta à Nantes des chargements de faux noir de raffinerie de Bordeaux, dans lequel on avait introduit de l'argile carbonisée, fine et très-noire. Cet engrais avait un aspect magnifique, mais il ne contenait que 48 pour 100 de phosphate, et la dose d'argile et de sable s'y élevait à 17 pour 100 au lieu de 2 ou 3 pour 100. La fraude fut de suite reconnue, mais l'analyse seule permit de la combattre, car l'aspect de la marchandise était irréprochable.

J'ai vu arriver à Nantes un navire de Hambourg, dans lequel on avait chargé un sable siliceux d'une couleur noire superbe sous le nom de noir animal. Il fut analysé par moi et reconnu frauduleux. Je multiplierais facilement ces citations ; qu'il vous suffise de savoir que le noir animal peut avoir — *même pour l'œil le plus exercé* — un magnifique aspect, et cependant être falsifié dans une large proportion. On exploite en Ille-et-Vilaine un schiste noir extrêmement léger, qui trouve à Nantes un placement très-facile : on l'emploie pour noircir les engrais mélangés et leur donner la couleur du noir pur. Cette matière a remplacé le charbon de schiste, très-abondant à une époque, et qu'on appelait coke de Bog-head. Les poudres noires, les charbons tamisés d'origines diverses, etc., en un mot toutes les substances noires et légères ayant double avantage pour les fraudeurs de *faire occuper à un engrais, analysé en poids, le plus grand volume possible*, peuvent être contenues dans du noir animal. L'analyse seule vous mettra en garde contre ces tromperies. Ayez donc recours à ce moyen de renseignement, et vous agirez prudemment.

D. *Dites-nous maintenant ce que vous pensez des mélanges de noir animal et de tourbe.*

R. C'est un grave sujet, car il s'agit de ces engrais à bas prix qui abondent sur le marché, notamment dans la Loire-Inférieure et en basse Bretagne, et qui, sans être *positivement* vendus comme noirs de raffinerie, sont très-souvent regardés comme tels par les cultivateurs ignorants. La grêle, les orages, la sécheresse ont causé moins de mal à l'agriculture que ces mélanges de faible valeur qui font le vide dans votre bourse et l'appauvrissement dans vos terres, et que vous désignez sous le nom de *petits noirs*.

D. *Quelle est la composition de ces engrais?*

R. Elle varie beaucoup selon les localités et les consommateurs. Je vais tout d'abord vous citer ce qui a lieu dans la Loire-Inférieure et la basse Bretagne. On prend comme matière première une substance noire, légère et absorbante comme la tourbe, on l'arrose plus ou moins avec des matières fécales étendues d'eau ou avec des bouillons d'équarrissage ; on peut encore l'*animaliser* avec des chairs d'animaux abattus, qu'on a laissées se décomposer dans leur masse et qu'on a passées ensuite au crible. A cette tourbe, ainsi préparée, mais quelquefois employée en nature, on ajoute du noir d'os (généralement du noir de sucrerie) qu'on a réduit en poudre ; on y ajoute également des charbons d'os dégélatinés [1], souvent des noirs de raffineries de Bordeaux, Nantes ou Marseille, dont l'odeur se communique à l'ensemble ; pour détruire la nuance brune de la tourbe, on emploie les schistes noirs d'Ille-et-Vilaine, le charbon de goëmon lavé, etc., on mélange parfaitement, on crible, on fait absorber le plus d'eau possible et on expédie comme *petit noir* la matière ainsi fabriquée. J'allais oublier de vous dire que, depuis quelque temps, on introduit dans ces mélanges, pour y remplacer une partie du noir animal, tantôt des phosphates fossiles, tantôt des

---

[1] Ces charbons contiennent 83 p. 100 de phosphate de chaux et 8 p. 100 de charbon et matière combustible.

phosphorites d'Espagne. En pareil cas, on force un peu la dose de schiste noir pour colorer les matières phosphatées, dont la teinte grise ou blanche trahirait la présence.

D. *Est-ce que les matières formant ces mélanges sont nuisibles aux récoltes?*

R. La tourbe n'est pas mauvaise en elle-même, c'est un terreau d'un bon effet, elle est excellente lorsqu'elle a été aérée par le tamisage, puis imprégnée de matières animales. Le charbon de goëmon, lorsqu'il n'a pas été complétement épuisé de ses sels de potasse, peut avoir encore une certaine valeur, car il contient indépendamment de cette potasse un peu de phosphate de chaux et a une porosité utile; mais le *charbon de schiste*, pesant 55 à 40 kilogrammes l'hectolitre, n'est employé que dans un but coupable; c'est là une vérité incontestable, et si d'ailleurs le cultivateur juge bon de combiner l'usage du noir avec celui de la tourbe ou du charbon de goëmon animalisés, il fera un acte de grand bon sens en *achetant ces matières séparément :* n'oubliez pas ce précepte, je vous en supplie, car de son observation dépendent des résultats bien importants.

D. *De quels résultats voulez-vous parler?*

R. Je veux parler d'une réduction considérable dans vos dépenses d'engrais, donc d'une augmentation de votre fortune. Je veux parler aussi d'une victoire éclatante remportée sur les fripons, au grand avantage des commerçants honnêtes accablés par une concurrence déloyale; je veux parler enfin de la conquête de vos libertés, car, faut-il vous le dire, presque tous les marchands, qui vendent de mauvais engrais, vous *font de longs crédits* ou vous *achètent vos produits fort cher*, voilà ce qui vous allèche et vous ruine en même temps. Que penseriez-vous d'un marchand d'engrais qui achèterait un lot de petits fagots appelés, dans la Loire-Inférieure, *bourrées*, à raison de 20 francs, qui les ferait ensuite apporter à Nantes pour 1 fr. 50 en payant de plus 2 fr. 20 d'octroi, somme toute 23 fr. 70, et qui, en fin de compte, vendrait ces mêmes bourrées 12 fr. 50? Ce que je vous cite là est tout simplement une histoire vraie. Eh bien, le marchand a nécessairement retrouvé son argent en faisant un gros bénéfice sur la vente de l'engrais. Cela est élémentaire.

On me parlait, il y a quelques jours à peine, d'un marchand d'engrais d'une petite localité voisine de Nantes qui avait déterminé une hausse inexplicable dans le prix des fagots; savez-vous quel était son secret? C'est qu'il payait en engrais; or s'il gagnait 3 fr. 50 ou 4 francs par hectolitre de sa marchandise, il pouvait bien payer le cent de fagots 15 francs[1] de plus que l'acheteur ordinaire; et lorsque le paysan, qui lui vendait ce cent de fagots, croyait avoir fait preuve de grande finesse, il avait tout simplement agi comme un véritable enfant. La grande finesse, c'est la logique et la droiture, croyez-le bien.

D. *Pourriez-vous nous donner quelques chiffres pour démontrer ce que vous avancez ?*

---

[1] Ce chiffre est exact.

R. Pour vous convaincre, je vous citerai ce que j'ai observé et consigné sur mon registre d'analyses. Un engrais à base de charbon de tourbe, additionné de schiste ou de bog-head, pèse 70 kilogrammes l'hectolitre, et se vend 7 francs. On montre à l'acheteur une analyse qui constate l'existence dans cet engrais de 30 p. 100 de phosphate de chaux.

Calculons :

Tout d'abord l'acheteur fait constater que cet engrais renferme 32 p. 100 d'eau.

Si 100 kilogrammes d'engrais contiennent 32 d'eau et 68 de matière sèche, les 70 kilogrammes d'engrais formant l'hectolitre seront composés de :

$$
\begin{array}{ll}
\text{Eau} \dots \dots \dots \dots \dots \dots \dots & 22^k,400 \\
\text{Matière sèche} \dots \dots \dots \dots \dots & 47^k,600
\end{array}
$$

Or, 100 kilogrammes contenant, d'après analyse, 30 kilogrammes de phosphate, les $47^k,600$ en fourniront $14^k,280$.

Ces $14^k,280$ de phosphate de chaux vous sont vendus 7 francs, c'est-à-dire à raison de 49 centimes le kilogramme, tandis qu'il vaut aujourd'hui :

38 centimes environ dans le noir résidu pur de raffinerie de Nantes et Bordeaux;

24 centimes dans le noir d'os dégélatinés;

18 centimes dans le noir en grains des sucreries;

16 centimes dans les phosphates fossiles.

Vous faites donc un marché de dupes, tandis qu'il vous eût été facile de vous adresser à un de ces négoicants sérieux, comme il n'en manque pas à Nantes, à Brest, à Vannes, à Rennes, à Redon, à Lamotte-Beuvron, à Orléans, à Châteauroux, à Agen, etc., etc., et qui vous eût vendu séparément noir d'os et tourbe animalisée, dont vous eussiez fait le mélange comme bon vous eût semblé. Quant au crédit, soyez persuadé que vous en eussiez trouvé chez ce marchand et à de meilleures conditions que dans votre canton[1].

D. *Alors ce n'est pas le principe des mélanges que vous condamnez, mais son abus ?*

R. Vous avez parfaitement saisi ma pensée. Non-seulement les mélanges sont quelquefois utiles, mais il en est que je vous recommanderai : ainsi la tourbe animalisée fournit de l'*humus* au sol, le rend meuble et léger, y entretient l'humidité et favorise, par sa décomposition, l'action des matières minérales et surtout des phosphates.

D. *Dans quels cas faut-il avoir recours aux mélanges ?*

R. Lorsque le sol est dépourvu de matière brune ou *humus* ; lorsque le noir animal employé est de sa nature *froid* et pauvre en matières organiques susceptibles de fermenter ; enfin, lorsqu'on a recours à des cendres d'os,

[1] Les marchands d'engrais des grandes villes font leurs efforts, il faut le reconnaître, pour se mettre en rapport direct avec le cultivateur, et plusieurs brochures-prospectus émanés d'eux indiquent nettement la composition et le poids de l'hectolitre du noir animal et de ses mélanges.

6

phosphates fossiles, phosphorites, gua nos phosphatés et matières analogues.

D. *Ne peut-on pas mélanger utilement des noirs de provenances diverses les uns avec les autres ?*

R. Il sera toujours avantageux de mélanger un noir *chaud* [1] et riche en matières organiques avec un noir de sucrerie ou un phosphate minéral. Les produits de la fermentation rendront le noir *sec* beaucoup plus actif qu'il ne l'eût été isolément.

---

[1] Les noirs chargés de matières organiques sont dits *chauds*, parce qu'une température très-élevée se développe dans leur masse par la fermentation.

SIXIÈME ENTRETIEN

DE QUELQUES ENGRAIS PHOSPHATÉS.

Dans les défrichements, dans les terres de landes riches en humus, et en général dans les sols bruns et acides, il peut être fort utile d'employer comme premiers engrais et comme puissants modificateurs du sol, des phosphates de chaux dépourvus de matière organique.

D'autre part, les fumiers et composts divers seront toujours améliorés dans une grande proportion si on les mélange avec une certaine quantité de phosphate de chaux.

Tels sont les faits sur lesquels je veux appeler votre attention dans cet entretien.

D. Quelle est la composition du phosphate de chaux?

R. Le phosphate de chaux renferme 46,16 d'acide phosphorique et 53,84 de chaux pour 100 parties en poids : or, l'acide phosphorique est l'une des matières précieuses de l'agriculture, et vous le voyez figurer constamment, représenté par une teinte rouge dans le tableau joint à ce volume et qui indique les principes enlevés au sol par les récoltes.

D. *Qu'appelle-t-on phosphate de chaux des os?*

R. Il semblerait, au premier abord, que c'est nécessairement le phosphate contenu dans les os, mais il n'en est pas ainsi. On s'est habitué à appeler *phosphate des os* le composé dans lequel l'acide phosphorique est à la chaux comme 46,16 est à 53,84.

D. *Est-ce qu'il y a plusieurs sortes de phosphate de chaux ?*

R. Oui, et je vous citerai, notamment, la substance qu'on appelle *phosphate acide de chaux ;* elle est soluble dans l'eau et renferme :

Acide phosphorique.	61,03
Chaux.	23,72
Eau.	15,25
	100,00

Comme elle renferme beaucoup plus d'acide phosphorique que le *phosphate des os*, et que son acide phosphorique, étant soluble, passe plus facilement à l'état de combinaisons diverses dans les végétaux, il a un prix plus élevé.

D. *Veuillez nous indiquer les variétés de phos-*

*phate de chaux, qu'on peut se procurer dans le com-
merce.*

R. Je vous ai déjà parlé des cendres d'os ; aujourd'hui
je vous citerai, par ordre d'importance, le *phosphate fossile*, certains guanos non azotés, tels que ceux de Baker,
(aujourd'hui rare en France), Mexillonnes, Malden-Island,
et qu'on appelle *guanos phosphatés*, puis la *phosphorite
de Nassau*, qui arrive depuis quelque temps en assez no-
table quantité, enfin les *phosphorites d'Espagne*, dont
plusieurs chargements sont arrivés à Nantes en 1868
et 1869.

D. *Est-il vrai que le phosphate fossile soit un bon engrais?*

R. A l'époque où M. Demolon s'occupait de la recherche et de l'exploitation industrielle des phosphates fossiles,
c'est-à-dire en 1857, j'émettais l'opinion que l'action de
ces engrais serait excellente dans les terrains non calcaires
et qu'on en tirerait aussi un très-bon parti, si on les in-
corporait dans les fumiers et composts. Presque tous les
chimistes étaient alors d'un avis contraire[1]. Aujourd'hui les
faits ont prononcé, et il s'est vendu l'an dernier, à Rennes,
60,000 sacs de phosphate fossile. Son extraction dans les
départements de l'Est a pris un énorme développement et

---

[1] Une seule adhésion franche, nette, publique, une seule, me fut
donnée à cette époque, où ceux-là même qui inclinaient à conclure
avec moi s'abstenaient prudemment jusqu'à plus ample informé : ce
fut celle de M. Rohart, auteur d'un consciencieux *Guide de la fabrication des engrais* (1858)

un très-habile agriculteur de la Sologne, M. Lecouteux, s'exprimait, il y a quelque temps, de la manière suivante à cet égard : « Que faut-il pour obtenir les premières récoltes des bonnes landes, de celles qui, aujourd'hui, se vendent en Sologne 400 et 500 francs l'hectare? Du *phosphate fossile surtout*. C'est là l'engrais par excellence, l'engrais qui donne par hectare des récoltes de seigle de 20 à 25 hectolitres de grains et de 2,000 à 3,000 kilogrammes de paille. »

M. Lecouteux disait aussi avec une haute raison. « Tandis qu'autrefois les landes ne devaient s'améliorer que par les ressources créées sur les anciennes terres, c'est le contraire qui est vrai de nos jours, puisque, par l'emploi des phosphates, les landes de bonne qualité deviennent le foyer améliorateur des anciennes terres. *Il ne faut pas de fumier aux landes…* Leur première période agricole, c'est la période des phosphates, et le phosphate, c'est l'engrais revenant à 35 francs l'hectare, en pleine Sologne, puisque par hectare il faut 500 kilogrammes de phosphate à 7 francs le quintal. » Ce que M. Lecouteux a observé en Sologne a été également remarqué en Bretagne, et malgré certains insuccès apparents, le partage des communs, le défrichement, les pratiques ordinaires de la culture ont motivé un énorme emploi de phosphates fossiles.

D. *Pourquoi, en parlant des insuccès, ajoutez-vous le mot apparents ?*

R. Parce que si, dans des landes trop pauvres en matières organiques ou dans des années trop sèches, on n'a pas toujours obtenu de bons effets des phosphates fossiles, les résultats de cet engrais se manifestaient à la récolte suivante.

D. *Quelle est la richesse des phosphates fossiles en phosphate de chaux réel ?*

R. En général, ces matières renferment de 38 à 50 pour 100 de phosphate de chaux. Le plus grand nombre des marchés faits en Bretagne et en Sologne spécifie une richesse de 40 à 45 pour 100 — c'est un terme moyen.

D. *Cette richesse n'est-elle jamais dépassée ?*

R. Elle est quelquefois dépassée, mais exceptionnellement. J'analyse souvent des fossiles qui renferment 55 à 63 pour 100 de phosphate ; ils sont plus solubles dans la terre que les autres, mais je me borne à vous en signaler l'existence.

D. *Les phosphates fossiles sont-ils falsifiés ?*

R. Tout ce qui est falsifiable est falsifié en ce monde. C'est triste, mais c'est ainsi. On mélange à ces engrais — surtout en Ille-et-Vilaine — de la tangue, qui est un sable calcaire, grisâtre, des terres ou argiles, etc. ; voilà ce qu'on faisait hier, je ne sais pas ce qu'on imaginera demain.

D. *Comment peut-on se mettre en garde contre ces fraudes ?*

R. En achetant sur garantie de composition ; et je vais vous le prouver :

Il y a quelque temps, un industriel qui exploite des phosphates fossiles avait fait une vente à un agriculteur de l'Ouest. Ce dernier avait demandé la garantie de 40 à 45 pour 100 de phosphate de chaux. Mon analyse établit que les sacs plombés du producteur renfermaient un engrais à 59 pour 100 de phosphate seulement, et une réfraction proportionnelle fut faite sur le prix d'achat. N'achetez donc jamais de phosphate fossile sans faire déclarer *par écrit* au vendeur qu'il vous garantit *40 à 45 pour* 100 *de phosphate de chaux réel.*

D. *Vous nous parlez du phosphate de chaux, mais quelles sont les matières qui l'accompagnent pour former* 100 *parties de phosphate fossile?*

R. Voici le relevé de mes analyses les plus récentes.

DÉSIGNATION.	EAU ET MATIÈRES VOLATILES AU ROUGE.	SABLE FERRUGINEUX.	PHOSPHATE DE CHAUX.	CARBONATE DE CHAUX ET MATIÈRES DIVERSES.
Échantillon envoyé de la Meuse	8,50	41,20	38,00	12,30
Id, ...	7,80	34,50	44,00	13,70
Phosphate ayant donné lieu à une contestation. . . .	12,00	46,00	31,50	10,50
Phosphate envoyé des Ardennes.	7,80	14,50	63,00	14,70
Id.	8,80	36,50	44,00	10,70
Échantillon envoyé par un négociant de l'Indre . . .	9,00	42,00	38,00	11,00
Échantillon envoyé par un cultivateur de l'Allier. . .	3,80	45,50	47,30	3,40

Ces engrais se vendent, avec le sac, 7 francs en Bretagne et dans le Centre. Or 45 kilogrammes de phosphate coûtant 7 francs, le kilogramme de ce principe fertilisant revient à 15 centimes, et le sac vous reste. C'est donc un engrais à bas prix.

D. *Dites-nous quelle est la composition et la valeur des autres phosphates du commerce.*

R. Je vous parlais, il y a quelques instants, des guanos Malden-Island, Mexillonnes, Baker, etc. Or je vous répéterai à leur égard ce que je vous disais pour le noir animal : leur prix ou valeur commerciale se décompose en plusieurs éléments distincts :

1º La composition chimique ;

2º La faculté d'être plus ou moins soluble dans la terre ;

5º Enfin la couleur, l'aspect, la finesse, etc.

D. *Je comprends l'importance de la composition et de la solubilité, mais quelle peut être l'influence de la couleur?*

R. Cette influence est grande, parce que les marchands mélangent les guanos avec le guano péruvien, et que l'analogie de couleur permet de dissimuler le mélange,

D. *Désapprouvez-vous ce mélange?*

R. Je crois, au contraire, qu'il est fort avantageux de le faire, lorsque le guano doit être employé *dans les régions agricoles où réussissent le noir et les phosphates fossiles;* mais, ce que je blâme, c'est qu'on le dissimule pour vendre la marchandise à un prix abusivement élevé.

D. *Qu'est-ce que la phosphorite du Nassau?*

R. C'est un phosphate de chaux très-ferrugineux exploité depuis peu, et qui semble comparable au phosphate fossile pour la solubilité dans le sol. Sa composition est très-variable, et sa richesse en phosphate réel s'élève de 45 à 70 pour 100. Les échantillons qui m'ont été présentés jusqu'à ce jour avaient une richesse de 55 pour 100. Ils étaient en poudre impalpable. J'ai bonne idée de cette substance par analogie d'abord, et ensuite parce que j'ai observé dans le laboratoire qu'elle était facilement attaquée par l'eau de Seltz, qui est une solution d'acide carbonique.

D. *Et les phosphorites d'Espagne?*

R. La question des phosphorites d'Espagne est grosse d'avenir : il serait fort intéressant d'essayer ces substances réduites en *poudre impalpable* et d'observer avec soin leurs effets, mais il est regrettable de les voir employer — comme on l'a déjà fait à Nantes — pour remplacer le noir d'os dans des mélanges de tourbe : dans ce cas, on les colore avec une poudre de schiste très-noire et on cache leur présence dans l'engrais fabriqué. C'est une pratique très-blâmable et que je vais vous fournir le moyen de reconnaître.

Jetez dans une écuelle un peu de l'engrais suspect, couvrez-le d'eau, remuez bien, laissez déposer une minute et faites écouler le liquide noirâtre supérieur; remettez de l'eau et recommencez ainsi plusieurs fois. Vous arriverez à rassembler au fond de l'écuelle les parties les plus lourdes et à vous débarrasser de la tourbe, des matières animales légères, etc.; ce qui restera, ce sera le sable, le noir d'os ou la phosphorite. Faites sécher quelques instants devant le feu sur une plaque de métal ou sur une brique. Tout cela n'est pas très-difficile.

D'autre part, faites chauffer une pelle à feu — sans atteindre le rouge; — portez-la très-promptement dans l'obscurité, et inclinez-la; si vous y versez alors votre résidu d'engrais et s'il contient de la phosphorite d'Espagne, il donnera lieu à une belle lueur jaune. Les savants disent que cette matière est *phosphorescente*, en un mot, qu'elle est lumineuse.

Au surplus, consultez un chimiste si vous avez des doutes sérieux, et la fraude sera facilement découverte.

Voici, d'après des analyses faites au *laboratoire de chimie agricole de Nantes*, la composition des phosphates dont je viens de vous parler :

DÉSIGNATION.	EAU ET MATIÈRES VOLATILES AU ROUGE.	SABLE.	PHOSPHATE DE CHAUX.	CARBONATE DE CHAUX ET MATIÈRES NON DOSÉES.
Guano Malden–Island. . . .	19,00	2,20	66,00	12,80
Guano Mexillonnes.	18,00	5,00	72,00	7,00
Guano Baker.	3,00	Traces.	89,00	8,00
Phosphate fossile du Nassau.	4,00	31,50	57,00	7,50
Phosphorite de l'Estramadure.	»	»	75,00	25,00

D. *Parlez-nous maintenant du phospho-guano.*

R. Le *phospho-guano* est un engrais mixte renfermant principalement des substances azotées et du phosphate de chaux. Toutefois une partie de ce phosphate diffère de celui que j'ai appelé dans nos précédents entretiens *phosphate des os*, et dans lequel il y a 46,16 d'acide phosphorique et 53,84 de chaux. Dans le *phospho-guano* il y a du phosphate acide, qui est soluble dans l'eau et qui est formé de 61,03 d'acide phosphorique pour 32,72 de chaux et enfin 15,25 d'eau.

D. *Le phospho-guano renferme-t-il beaucoup de ce phosphate soluble?*

R. Oui, puisque ce phosphate soluble représente 31,75 de phosphate des os sur les 40,67 contenus dans l'engrais.

D. *Cet engrais est-il azoté?*

R. Il renferme 2,68 p. 100 d'azote.

D. *Est-il plus avantageux à employer que le noir ou que le guano?*

R. Son prix me paraît trop élevé (32 fr. les 100 kilogr. à Nantes), et j'ai analysé un engrais de composition presque identique que M. Rohart offrait à l'agriculture à 15 p. 100 environ meilleur marché; mais c'est un bon engrais, et dans les cultures où l'on veut avoir une prompte absorption d'acide phosphorique, il donne des résultats excellents. Toutefois, dans les sols acides, dans les landes et les terres récemment défrichées, il ne m'est pas démontré qu'il y ait toujours avantage à payer fort cher la solubilité industriellement conquise à l'aide d'acides énergiques ; très-souvent les acides du sol, qui ne coûtent rien, suffiront amplement à dissoudre les phosphates des engrais.

D. *Le phospho-guano est-il un produit naturel ?*

R. Non. C'est un guano phosphaté que l'on attaque par de l'acide sulfurique, et dans lequel on introduit des matières azotées.

D. *Donnez-nous le résultat d'une analyse de phospho-guano.*

R. Je vais vous communiquer les chiffres que m'a fournis une analyse détaillée faite il y a quelques années ; j'y joins ceux d'un essai commercial très-récent :

Ancienne analyse.

		Somme des phosphates.
Humidité	10,60	
Matières organiques et sels ammoniacaux.	13,68	
Sable.	2,50	
Matières solubles composées de sels alcalins, acide sulfurique en excès et phosphate acide de chaux.	27,00	
(L'acide phosphorique de ces matières solubles équivaut en phosphate de chaux des os, à..		31,73)
Phosphate de chaux des os.	8,94	8,94
Sulfate de chaux.	37,28	40,67
	100,00	

Azote, 2,68 p. 100.

Essai commercial fait en juin 1868.

Humidité.	7,40
Sable.	9,75
Phosphate de chaux des os.	52,00
Phosphate acide soluble (représentant 26,25 de phosphate des os	19,85
Matières organiques.	
Sulfate de chaux.	51,00
Traces de sels alcalins.	
	100,00

Azote, 2.62 p. 100.

Cet engrais se vend en barils, son phosphate acide ayant la propriété de ronger assez rapidement les sacs. Voici son plomb d'origine :

Comme je vous l'ait dit tout [à l'heure, vous pouvez aussi vous le procurer à un prix moins élevé à la fabrique d M. Rohart à Paris.

D. *A quelle dose emploie-t-on le phospho-guano?*

R. Il faut en employer *au moins* 500 kilogrammes par hectare pour les betteraves et les pommes de terre, et 650 kilogrammes pour les choux.

SEPTIÈME ENTRETIEN

LES CHARRÉES, LA CHAUX, LES ENGRAIS CALCAIRES.

Je voudrais vous faire bien comprendre aujourd'hui l'utilité des analyses chimiques pour le cultivateur qui fait achat de *charrées*. En même temps, je vous démontrerai la nécessité de connaître le poids de la chaux lorsque vous l'achetez à l'hectolitre, c'est-à-dire au volume; enfin, je vous dirai quelques mots des engrais calcaires en général.

D. *Que pouvez-vous nous apprendre sur la charrée?*

R. Peu de chose que vous ne sachiez déjà; cependant j'ai vu bien des cultivateurs se faire tromper sur la qualité de cet engrais. Il n'est pas toujours vendu, croyez-le bien, dans l'état où vous le voyez à la porte des blanchisseuses.

D. *La charrée est-elle fraudée?*

R. Elle est altérée par le mélange avec des matières sableuses et inertes, ce qui peut quelquefois être causé par la négligence de ceux qui l'achètent en détail pour l'emmagasiner et la revendre en gros; mais elle est aussi fraudée à l'aide de débris de tufeau et de sables calcaires; or sa valeur étant alors diminuée dans une forte proportion, on ne doit pas l'acheter au prix de la charrée de bonne qualité.

D. *Que peut nous apprendre l'analyse?*

R. Elle apprend qu'une belle charrée renferme seulement 15 p. 100 de sable ou matière inerte, tandis que les charrées fraudées en renferment quelquefois plus de 50 p. 100. Vous voyez qu'une telle différence vaut bien la peine qu'on s'en occupe.

D. *A quels signes extérieurs peut-on juger de la qualité des charrées?*

R. Les charrées de belle qualité exhalent, surtout quand on les chauffe, une odeur franche de lessive. Elles sont fines, mélangées de petits débris de charbon, grasses au toucher et s'agglomèrent en mottes. Le mélange avec des débris de tufeau leur donne une teinte qui, au lieu de tourner au jaune terne, incline vers le gris mat et bleuâtre. Il m'est arrivé d'y trouver, après le tamisage, des morceaux de tufeau fort apparents; mais, en général, c'est à l'analyse qu'il faut avoir recours pour être bien fixé.

D. *Indiquez-nous la marche à suivre.*

R. Vous demanderez au marchand de vous donner une facture constatant qu'il vous livre de la *charrée pure*, vous prendrez devant lui une dizaine de poignées de l'engrais *dans les diverses parties du tas,* et après avoir mélangé avec soin le tout sur une planche ou toute surface bien propre, vous en ferez un échantillon moyen que vous mettrez dans un petit sac en toile. Ce sac sera fermé à l'aide de plusieurs tours de ficelle; les deux bouts de cette ficelle seront fixés sur le sac avec de la cire, et le marchand y mettra son cachet. Il sera bon que ce cachet soit également mis sur la facture. De cette manière, vos intérêts seront sauvegardés.

D. *Pourquoi?*

R. Parce que si l'analyse de votre charrée établissait qu'elle est falsifiée, vous refuseriez le payement au marchand, ou bien, s'il est déjà payé, vous pourriez lui réclamer un remboursement de son prix de vente; il n'aurait garde alors de refuser, sachant parfaitement que l'échantillon conservé par vous ferait foi en justice.

D. *Pourriez-vous nous faire connaitre des chiffres résultant de vos analyses et ayant eu de l'utilité pour les cultivateurs.*

R. Oui. J'ai trouvé quelquefois, dans des charrées qu'on vendait comme pures, jusqu'à 58 p. 100 de sable; elles furent refusées. Le hasard a fait tomber entre mes mains un sable calcaire des environs de Saumur qu'on employait pour frauder les charrées. Il contenait 25 p. 100 de carbonate de chaux et 58 de sable. Du reste, voici quelques résultats d'essais faits sur des types commerciaux.

7

Essais commerciaux de charrées.

DÉSIGNATION.	MATIÈRES COMBUSTIBLES ET VOLATILES AU ROUGE.	SABLE.	PHOSPHATE DE CHAUX, ALUMINE ET OXYDE DE FER.	CARBONATE DE CHAUX.	SELS SOLUBLES.	MATIÈRES NON DOSÉES.
Belle charrée de Nantes recueillie près d'un bateau de blanchisseuses..	9,80	15,60	27,50	47,10	1,05	1,15
Belle charrée de Château-Gontier..	10,00	15,00	75		2,00	»
Charrée de Caen..	5,70	51,80	16,90	59,20	2,20	4,20
Charrée de la Rochelle.. . . .	6,00	42,70	12,55	54,80	2,00	2,15
Charrée vendue à Nantes.. . .	8,15	0,00	12,00	46,65	1,20	2,00
Charrée de Pont-Rousseau, près Nantes.	»	20 à 25 %	»	»	»	»

Comme vous le voyez, les proportions de sable varient dans ce tableau de 15 à 42. Toutes les fois que le sable dépasse 40 p. 100 il y a fraude ou au moins négligence extrême de la part du vendeur et je ne vois pas pourquoi vous en seriez victimes.

Avant d'acheter, consultez donc un chimiste et surtout ne négligez pas de prendre un échantillon avec les précautions que je vous ai indiquées tout à l'heure.

D. *Parlez-nous maintenant de la chaux?*

R. Je vous en parlerai avec d'autant plus de plaisir que c'est un engrais dont l'emploi devient chaque jour plus considérable et qu'il est destiné à apporter un grand bien-être dans les régions où la terre est argilo-siliceuse.

D. *Comment agit la chaux ?*

R. De bien des manières. Si vous jetez un regard sur le tableau joint à ce petit livre, vous verrez que les récoltes enlèvent, toutes sans exception, de la chaux aux terrains; le sol doit donc en renfermer, c'est le bon sens qui le dit; or, si ce sol n'en contient pas naturellement, il faut de toute nécessité lui en apporter. La chaux a de plus la propriété de neutraliser l'acide des terres tourbeuses, des landes récemment défrichées et en général des terres dans lesquelles des débris végétaux accumulés *n'ont pas été suffisamment mis au contact de l'air :* voilà un second mode d'action de cet engrais.

Mais ce n'est pas tout, la chaux attaque les roches, et leurs débris, de telle sorte que, sous son influence, les terres deviennent plus légères. Il faut que vous sachiez aussi que certaines roches en morceaux ou en petits fragments renferment de la potasse, substance très-précieuse et très-chère dont *toutes* les plantes sont avides. Or, la potasse dans les roches n'est pas soluble, elle est en quelque sorte prisonnière. — La chaux démolit la prison — elle met la potasse en liberté, l'eau pluviale la dissout et les plantes s'en nourrissent.

J'ajouterai que par son action très-énergique sur les débris végétaux, la chaux vaporise des matières utiles aux plantes : enfin, — et cela est plus important encore, — la chaux transforme ces débris en substance brune connue sous le nom d'humus ; or, dès qu'une terre contient de l'humus et de la chaux, il s'y forme du salpêtre qui est un puissant engrais.

Comme vous le voyez, j'avais raison de vous dire que la chaux agit de bien des manières.

D. *L'emploi de la chaux dispense-t-il de fumer ?*

R. Beaucoup d'agriculteurs l'ont cru en voyant les magnifiques récoltes qu'ils obtenaient par le chaulage de leurs terres, mais la désillusion est arrivée, et dans certaines localités de la Mayenne où l'on a abusé de cet engrais, les terres sont devenues impropres à la culture des trèfles. La vérité vraie, la voici : la chaux épuise rapidement un terrain de son fond d'humus, de sa potasse, etc., et un cultivateur intelligent doit tout à la fois *chauler et fumer ;* par ce système il pourra avoir des récoltes plus belles que s'il se bornait à fumer.

D. *Peut-on mélanger la chaux avec le fumier ?*

R. Je vais vous répondre en toute sincérité et vous prouver que les savants, eux aussi, doivent quelquefois mettre un sot amour-propre de côté et se montrer dociles.

J'ai publié il y a quelques années un livre [1] dans lequel j'ai écrit qu'il était absurde de mélanger la chaux avec le fumier. J'avais bien quelque raison de m'exprimer ainsi, puisque des chimistes très-savants, des agriculteurs de mérite, affirmaient la même chose. Eh bien, aujourd'hui, je suis fort ébranlé et ne sais trop que croire, je vous l'avoue sincèrement.

D. *Veuillez nous donner la raison de votre hésitation ?*

R. J'ai lu avec soin les résultats d'une enquête faite sur les engrais industriels alors que M. Béhic était ministre de l'agriculture, et j'y ai vu que, dans la Mayenne, des hommes dont l'esprit d'observation doit inspirer toute confiance ont été conduits à suivre la routine, c'est-à-dire à faire des tombes de terre et chaux, puis à y ajouter ensuite du fumier ; le fumier restant alors *de 2 à 6 mois* en présence de la terre chaulée [2], c'est avec le mélange que l'on fume et il paraît qu'on s'en trouve très-bien.

D. *Alors pourquoi les chimistes condamnent-ils cette manière de faire ?*

[1] *L'Atmosphère, le Sol, les Engrais.*
[2] Terre, 16 à 20 hectolitres ; chaux vive, 4 hectolitres ; fumier, 1 mètre cube.

R. Parce qu'en général la chaux décompose les substances animales en réduisant leur azote en ammoniaque qui s'évapore promptement; et, comme dans le fumier il y a de la matière animale, on peut regarder le mélange de cet engrais avec la chaux vive comme une cause de déperdition de son azote ; or l'azote du fumier vaut environ 1,65 le kilogramme.

D. *En résumé, les chimistes avaient-ils tort ou raison?*

R. Il se pourrait fort bien qu'ils eussent tort et voici pourquoi : les inconvénients de la chaux sont compensés par des avantages et il semblerait que la balance n'est pas défavorable à la coutume ancienne. Grâce à la chaux, en effet, les débris végétaux de la terre sont transformés en *humus*, le fumier subit bien entendu la même action, enfin une masse de terre, fumier et chaux, que l'on recoupe et que l'on enfouit dans la terre devient une véritable *nitrière* [1] : or si d'une part on a perdu de l'azote, on en gagne d'un autre côté, car on fixe l'azote de l'air en faisant du salpêtre et, somme toute, il y a peut-être gain. Quant à moi, je serai moins tranchant désormais lorsque je parlerai de cette question et je crois que je ne démériterai pas à vos yeux pour la franchise avec laquelle je vous en fais l'aveu. Je pousserai même la sincérité plus loin, et je vous dirai que tout savant — même illustre — arrivé à la cinquantaine aurait un bon livre à faire ; il devrait avouer franchement les erreurs contenues dans ses premières pu-

---

[1] On appelle ainsi les lieux où se produit le salpêtre.

blications, expliquer le pourquoi et le comment des modifications de sa pensée, et les gens sérieux ne lui en sau-
raient pas mauvais gré. Mais revenons à la chaux.

D. Peut-on remplacer la chaux par de la marne, de la tangue ou des sables calcaires ?

R. Non, car si ces engrais apportent dans le sol de la chaux nécessaire aux récoltes, ils n'ont pas comme la chaux vive la propriété de mettre la potasse des roches en liberté et de transformer les débris végétaux ou animaux en *terreau, terre noire* ou *humus*. Cela est tellement vrai qu'en Angleterre et sur certains points du nord de la France on chaule *même des terres calcaires*. Or, on ne les *marne-rait* pas, on ne les *tanguerait* pas davantage.

D. Est-il vrai que le chaulage nuise à l'action du noir ?

R. C'est vrai, le noir agit mal tant que le sol est im-prégné de chaux, ou de marne, ou de tangue : Cependant il y a quelquefois des exceptions à cette règle, par exem-ple, lorsque le sol est extrêmement riche en débris végé-taux[1].

D. Pourquoi la chaux nuit-elle à l'action du noir ?

R. J'en ai donné depuis longtemps l'explication sui-vante : les acides du sol, lorsqu'ils sont neutralisés par la chaux ou les engrais calcaires, ne sont plus aptes à dissou-

---

[1] C'est ce qui arrive, paraît-il, chez M. de Kerjégu, à Trévarez.

dre les phosphates, et ceux-ci restent alors longtemps à l'état insoluble.

D. *Avez-vous quelques renseignements à nous donner sur l'achat de la chaux ?*

R. En général cet achat est facile et ne donne pas lieu à des fraudes ; néanmoins, dans certaines localités, on vend des chaux maigres, dont le prix doit diminuer proportionnellement à la richesse ; on vend quelquefois aussi des chaux qui sont *hydrauliques* et qui, en présence d'un sol mouillé, deviennent dures comme des cailloux. Dans ces cas-là, vous ferez bien de demander aux chimistes un avis sur la valeur réelle de telles chaux.

D. *Quelles sont les impuretés de la chaux?*

R. On y trouve du sable, de l'argile, quelquefois auss une assez forte dose de *magnésie.*

D. *Ces matières sont-elles nuisibles?*

R. Vous savez aussi bien que moi que le sable et l'argile ne peuvent avoir aucun inconvénient, sauf celui d'être vendus pour de la chaux ; en ce qui concerne la magnésie, on a un peu exagéré son danger, je connais bien des chaux magnésiennes qui sont employées avec avantage, et cela doit être, car les récoltes renferment toujours de la magnésie. Le grand principe, c'est que la chaux doit être payée en raison de sa pureté ; j'ajouterai également que l'argile, en trop grande proportion, peut avoir l'inconvénient de rendre la chaux *hydraulique.* Dans les *laboratoires de chimie agricole*, on vous renseignera à cet égard.

D. *L'analyse chimique suffit-elle pour déterminer le prix de la chaux?*

R. Non, et lorsque vous achetez de la chaux à la mesure, ce qui est habituel, vous devez vous rendre un compte exact du poids de cette mesure. Je vais vous en donner un exemple : on fabrique à Erbray [1] d'excellente chaux grasse, provenant de la cuisson d'une pierre à chaux très-dure ; un peu plus loin on emploie un calcaire terreux et léger, que l'on façonne en briquettes et que l'on porte ensuite au four. Les gens du pays appellent *chaux de pierre* et *chaux de terre* les produits ainsi obtenus.

D'après mes analyses, voici la composition de ces deux calcaires, *avant la cuisson :*

DÉSIGNATION.	EAU.	MATIÈRES VOLA-TILES AU ROUGE.	CHAUX.	ARGILE FERRUGINEUSE ET SABLE.	MAGNÉSIE.
Calcaire à *chaux de pierre*.	0,50	43,50	56,00	Traces.	0,30
Calcaire à *chaux de terre*..	0,80	41,00	52,00	5,20	1,20

Il y a donc :

Dans 100 de calcaire n° 1 : 56 de chaux pour 0,3 de magnésie ;

[1] Loire-Inférieure.

Dans 100 de calcaire n° 2 : 52 de chaux pour 6,40 argile, sable et magnésie ;

Et par suite la chaux cuite contiendra 95 de *chaux réelle* pour le n° 1 et seulement 89 pour le n° 2. Mais ce n'est pas tout.

1 hectolitre de *chaux de pierre*, pesant 90^k,250, représentera 85^k,757 de chaux réelle.

1 hectolitre de *chaux de terre*, pesant 63^k,500, ne contiendra que 56^k,515 de chaux réelle.

Vous voyez, par cet exemple, que les chiffres de l'analyse doivent être complétés par la recherche du poids.

D. *Est-il vrai que les plantes sauvages indiquent par leur nature la nécessité du chaulage ?*

R. Oui, toutes les fois que vous verrez paraître dans un champ des joncs, prèles, laiches, persicaires, et par contre disparaître le petit trèfle, la minette, etc., il faudra chauler ou marner. A ce sujet, M. de Kerjégu s'exprimait ainsi devant la commission d'enquête des engrais : « Le cultivateur breton dit que du maërl, du tréaz, de la chaux, changent la bruyère en trèfle et le seigle en froment, c'est parfaitement exact. »

Et il disait aussi :

« Je fais remarquer à mes élèves, que les bœufs, dans les fermes du pays où le calcaire n'est point employé, n'atteignent qu'à 6 et 7 ans le poids que sur les terres chaulées ils atteindraient à 3 ans 1/2 ; enfin je leur fais remarquer que dans les fermes non amendées par le cal-

caire, et où l'on ne cultive ni trèfle [1], ni plantes fourra-
gères, il faut 55 kilogrammes de leur meilleur foin et plus,
pour faire 1 kilogramme de viande, tandis qu'à Trévarez,
nous obtenons le kilogramme de viande avec 50 kilogrammes. »

D. *Qu'avez-vous à nous dire sur la marne?*

R. Que c'est un très-bon engrais, mais que l'œil trompe
à son égard et qu'on peut facilement le confondre avec de
l'argile blanche. Cela est si vrai que le grand Frédéric fit
faire des travaux dispendieux, pour rechercher de la marne,
dans une région agricole de la Prusse où on ne trouva
rien et où cependant la substance que l'on recherchait
existait en abondance [2]. On se fiait aux apparences et on
eût dû faire des analyses chimiques.

D. *Quelles sont les indications que peut donner l'a-
nalyse au sujet des marnes?*

R. L'analyse chimique indique si la matière observée
est une vraie marne, *c'est-à-dire un calcaire intimement
uni à de l'argile très-divisée et susceptible de se dé-
liter* [3], ou simplement un calcaire pierreux. Elle indique
aussi la quantité de chaux contenue dans la marne ou le
calcaire. Elle établit, enfin, que telle marne renferme de
l'acide phosphorique, telle autre de la matière organique ;

---

[1] Voir le tableau colorié indiquant les substances que le trèfle
puise dans la terre.

[2] Puvis, *Traité des Amendements.*

[3] La marne se réduit en poussière sous l'action de l'air, elle fait
bouillie avec l'eau comme une argile.

mais ce qu'elle détermine surtout avec avantage, c'est l'*effet utile* de la marne, et elle déduit la prévision de cet effet, non pas seulement de la quantité du calcaire trouvé, mais de l'état de ce calcaire.

Dans un prochain entretien, je vous parlerai de la loi qui régit le commerce des engrais et de l'influence qu'elle peut exercer sur l'agriculture, je vous entretiendrai aussi des *laboratoires de chimie agricole.*

HUITIÈME ENTRETIEN

LES FRAUDES DEVANT LA LOI : LES LABORATOIRES DE CHIMIE
AGRICOLE.

La loi protége l'agriculteur contre les fraudeurs d'engrais, mais elle ne peut le protéger contre sa propre insouciance.

D. *Dites-nous comment la loi nous protége ?*

R. Je suppose que vous ayez acheté un engrais avec les précautions que je vous ai indiquées, c'est-à-dire *en prenant une facture et un échantillon cacheté*, et que l'on vous apprenne qu'il y a eu fraude sur la marchandise livrée ; vous irez chez le procureur impérial de votre arrondissement et vous lui dénoncerez le fait ; si votre plainte est fondée, le marchand sera poursuivi et vos intérêts sauvegardés.

D. *A quelle peine sera condamné le fraudeur ?*

R. A un emprisonnement de trois mois à un an, et à une amende de 50 francs à 2,000 francs.

D. Pourquoi le temps de l'emprisonnement et le chiffre de l'amende sont-ils variables ?

R. Parce que l'importance de la fraude est variable aussi.

Un marchand, en effet, peut vous tromper :

1° *Sur la nature de la marchandise*, en vous vendant pour du guano pur un guano mélangé, ou pour du noir animal pur, un mélange de noir animal avec des poudres de minime valeur. Il y aurait aussi tromperie sur la *nature* de la marchandise, si on vous livrait pour du phosphate fossile un mélange de cet engrais avec de la tangue.

2° *Sur l'origine de la marchandise*, en vous vendant comme *guano péruvien* un engrais dont la richesse en azote et en phosphates serait la même, mais qui ne serait pas cependant du vrai guano apporté du Pérou.

3° *Sur la composition de la marchandise*, en vous livrant un noir animal à 50 pour 100 de phosphate lorsque la facture en mentionne 70 pour 100 ; ou bien un phosphate fossile à 30 pour 100 lorsqu'on vous l'a garanti à 50 pour 100.

D. Le marchand peut-il ignorer la nature ou la composition de ce qu'il vend ?

R. Certainement, bien que ce soit l'exception ; aussi les tribunaux ne condamnent-ils que lorsque la mauvaise foi est évidente. De même, ils peuvent ordonner ou ne pas ordonner l'*affichage* de leur jugement selon que le prévenu est plus ou moins digne d'intérêt.

D. *Est-ce que la loi dont vous nous parlez est nouvelle?*

R. Elle date du mois de mai 1867, et sur les 206 députés auxquelles elle a été présentée 204 l'ont approuvée. Au sénat, pas une voix ne s'est élevée pour la combattre. C'est une preuve de son utilité.

D. *Comment pouvait-on obtenir justice avant que cette loi ne fût faite?*

R. On ne pouvait pas toujours l'obtenir, parce que la loi ancienne était incomplète; ainsi les tribunaux condamnaient un marchand qui avait vendu un mélange de tourbe et de noir animal en annonçant que c'était du noir non mélangé ; mais s'il ne s'agissait que d'une diminution, même assez forte, sur la composition chimique annoncée et promise, la poursuite ne pouvait s'exercer, alors même que la mauvaise foi était établie. Voilà pourquoi on a fait une loi nouvelle.

D. *Le marchand qui essaye de tromper est-il puni?*

R. Il peut être puni, et la loi de 1867 a prévu le cas où il n'y aurait que *tentative de tromperie.* En un mot, on a fait pour les engrais ce qu'on avait fait pour les aliments et les boissons en 1850 et 1851.

D. *Il y a quelques années, nous voyions souvent chez les marchands de grands écriteaux mentionnant la richesse des engrais mis en vente. Pourquoi a-t-on cessé de les exiger?*

R. Je pourrais vous faire à cet égard un bien long récit,

et vous montrer combien d'efforts ont été dépensés pour défendre vos intérèts, je me contenterai de vous dire, qu'à l'imitation du préfet de la Loire-Inférieure [1], vingt préfets avaient pris des arrêtés pour *prévenir* les fraudes et pour éclairer les acheteurs; d'après ces arrêtés un marchand était tenu de mettre, sur un tas de noir animal offert au public, la richesse en phosphate de chaux révélée par l'analyse. S'agissait-il d'un guano, il devait mentionner la richesse en phosphate et la richesse en azote; malheureusement ces arrêtés n'étaient pas en accord parfait avec la loi, et la Cour de cassation les a réduits à l'impuissance.

D. *Les écriteaux étaient cependant utiles?*

R. Ils étaient fort utiles, puisqu'ils ont fait l'éducation d'un grand nombre d'acheteurs; ils étaient utiles, puisqu'ils protégeaient le marchand consciencieux. Enfin il fallait bien qu'ils eussent des avantages sérieux, puisqu'au moment où je vous parle certains négociants les ont conservés dans leurs chantiers de vente.

D. *S'ils étaient utiles, pourquoi la loi nouvelle ne les a-t-elle pas rendus obligatoires?*

R. Parce qu'on a eu peur que la *liberté du commerce et de l'industrie* ne fût gènée.

D. *Vous paraissez ne pas être de cet avis?*

R. Je crois, moi, que la liberté des pharmaciens n'est

[1] Arrêté de M. Gauja, préfet de la Loire-Inférieure. 1850.

pas gênée, parce qu'au nom d'un grand intérêt public on vérifie la nature de leurs médicaments; la liberté des bijoutiers n'est pas non plus gênée, bien qu'on soumette au contrôle les bijoux et l'argenterie, et, si j'étais marchand d'engrais, je regretterais que l'absence d'écriteaux favorisât trop ceux de mes concurrents qui livrent à l'agriculture des mélanges de faible valeur dont l'apparence seule est satisfaisante.

En Angleterre, pays de grande liberté commerciale, le parlement est saisi d'un projet de loi — qu'on appelle un bill — pour la répression des *fraudes sur les graines*. Dans le même pays on vient de réglementer, au grand avantage de la santé publique, l'exercice de la pharmacie et la vente des poisons qui auparavant étaient libres. Vous voyez qu'il y a quelquefois des nécessités morales qui s'imposent aux hommes. Au surplus, l'opinion que je vous développe ici, le Congrès des agriculteurs bretons, réuni en 1865 à Saint-Brieuc, l'a adoptée complétement sur ma proposition; elle n'était donc pas tout à fait dénuée de bon sens. Mais je n'insiste pas, puisque désormais l'obligation de l'*étiquetage* est supprimée. Le temps que nous consacrerions à nous plaindre peut être plus utilement employé à nous éclairer sur la loi nouvelle.

D. *Veuillez maintenant nous parler des laboratoires de chimie agricole.*

R. L'administration a voulu concourir à éclairer les agriculteurs, et pour cela elle leur a libéralement ouvert des laboratoires où les conseils leur sont donnés soit gra-

tuitement, soit à des prix très-modiques. En un mot, l'é-
tiquetage des engrais n'étant plus obligatoire, les conseils
généraux, les sociétés d'agriculture ont voulu venir en
aide aux cultivateurs peu aisés et leur donner, autant que
possible, le moyen de se renseigner et de se défendre contre la fraude. C'est un livre qu'on a mis à la disposition
de l'agriculteur, à lui maintenant de le feuilleter et de
le lire.

D. *Comment un cultivateur éloigné de la ville peut-il
profiter des laboratoires?*

R. D'une manière bien facile, car la poste reçoit et
transporte, pour quelques centimes, des échantillons pla-
cés dans des sacs ou de petites boîtes; la condition nécessaire est que l'affranchissement de l'échantillon soit payé
et que la ficelle employée pour fermer le sac soit fixée
non par un nœud, mais par une boucle.

D. *L'analyse est-elle toujours gratuite?*

R. A Nantes, à Orléans, à Rennes et dans quelques
autres villes, les chimistes chargés de la direction des laboratoires font pour les agriculteurs des analyses gratuites. M. le préfet de la Loire-Inférieure, secondé par le
conseil général, est entré le premier dans cette voie; mais,
comme les commerçants ne doivent pas profiter de cette
gratuité, il est indispensable que l'expéditeur d'un échantillon à analyser, sans frais, justifie de sa qualité de cultivateur.

D. *Comment peut-il en justifier?*

R. De la manière suivante : le sac d'échantillon porte nécessairement une étiquette sur laquelle est inscrite l'adresse du directeur du laboratoire. Eh bien, à la demande du cultivateur, le maire appose son cachet sur cette étiquette. Cette formalité suffit.

D. *Comment ce cachet de la mairie démontre-t-il que l'échantillon est présenté par un cultivateur plutôt que par un marchand d'engrais?*

R. Parce que les maires ont reçu des instructions à ce sujet, et qu'ils ne mettraient pas le cachet de la mairie sur des sacs qui leur seraient présentés par des commerçants.

D. *Les directeurs des laboratoires de chimie agricole donneraient-ils gratuitement des renseignements sur la nature des terrains?*

R. Il m'arrive souvent d'analyser des terres, des eaux, des betteraves à sucre, des résidus divers qu'on veut employer comme engrais; vous voyez que les renseignements mis à votre disposition sont nombreux, et qu'il y aurait grande insouciance de votre part à ne pas en profiter. Prouvez donc aux administrations départementales, aux comices, aux sociétés d'agriculture, que vous êtes dignes en tous points de la sollicitude qu'ils témoignent pour vos plus chers intérêts, et n'oubliez pas que le proverbe *Aide-toi, le ciel t'aidera* est éternellement vrai. Défiez-vous des utopies, mais ne tombez pas dans l'excès contraire en fermant l'oreille aux conseils d'une prudente expérience.

Vous avez vu, je le sais bien, des *messieurs* se ruiner en faisant de l'agriculture de luxe; mais tout, en ce bas monde, est question de mesure. Aussi bien, il n'y a pas que les agriculteurs en gants jaunes qui fassent de mauvaises affaires, et si vous cherchez autour de vous, je doute que vous trouviez beaucoup de fermiers paresseux et routiniers qui parviennent à l'aisance. Ne méprisez donc pas les enseignements de la science lorsqu'il vous est possible d'en contrôler l'exactitude; lisez, éclairez-vous, on n'en sait jamais trop; apprenez à connaître les engrais que vous employez, et n'oubliez pas que dans 1 kilogramme de pain, l'engrais employé représente bien près de 8 centimes.

DOCUMENTS

Le Préfet de la Loire-Inférieure à M. Adolphe Bobierre.

Nantes, le 8 janvier 1864.

Monsieur,

La Cour de cassation a, par un arrêt du 6 novembre 1863, rendu sur un pourvoi d'un marchand d'engrais de Nantes, décidé que l'arrêt du 16 juin 1853, qui réglemente la police des engrais dans le département, n'est pas légalement obligatoire.

Cette décision est d'autant plus grave qu'elle confirme une jurisprudence déjà établie par un précédent arrêt de la même cour, statuant sur l'application d'un arrêté tout à fait analogue, qui réglementait le commerce des engrais dans le Finistère. Il me paraît donc indispensable de rechercher les mesures à prendre pour remplacer le système organisé par l'arrêté du 16 juin 1853, et pour assurer la loyauté des transactions dans le commerce des substances fertilisantes.

Le motif de l'arrêt de la cour est : que la police du commerce des engrais rentre dans la classe des objets confiés à la vigilance de l'autorité municipale ; et que les préfets ne peuvent se substituer aux maires pour ordonner ou étendre à toutes les communes des mesures qui ne peuvent émaner que du pouvoir municipal.

Il résulterait, d'après ces motifs, qu'il suffit pour rendre tout à fait légales les mesures prescrites par l'arrêté préfectoral, de faire de ces prescriptions l'objet d'arrêtés qui seraient pris par chacun des maires des communes du département.

Mais l'examen attentif des diverses dispositions de l'arrêté du 16 juin 1853 m'a fait reconnaître qu'elles soulevèrent une question de droit assez délicate. Ne dépassent-elles pas les attributions de police conférées aux maires par la loi ?

L'inspection sur la fidélité des débits des marchandises qui se vendent au poids ou à la mesure est placée par le n° 4, article 3, titre XI de la loi du 24 avril 1790, parmi les objets de police confiés à la vigilance et à l'autorité des corps municipaux ; mais les mesures organisées par l'arrêté du 16 juin 1853 n'ont pas pour but l'inspection de la fidélité du débit des engrais, en vue d'assurer aux acheteurs une quantité égale au poids ou à la mesure indiquée par le marchand. Elles ont surtout pour but de garantir la qualité et la composition de la substance qui leur est offerte par le marchand et de présenter des moyens pour l'administration de contrôler les indications des vendeurs.

La légalité de ces mesures de police pourrait, je le crois, être contestée, lors même qu'elles seraient prescrites par des arrêtés pris par les maires.

L'étude spéciale que vous avez faite des diverses questions que soulève la réglementation du commerce des engrais vous permettra de rechercher, avec expérience et avec fruit, les moyens de résoudre les difficultés qu'elle présente par suite de la jurisprudence de la Cour de cassation.

Je vous prie, monsieur, de vouloir bien m'adresser vos observations sur les mesures qu'il vous paraîtrait possible et utile de prendre, afin de prévenir les fraudes et de fournir aux culti-

vateurs les moyens de les découvrir et de s'assurer de la nature
et de la qualité des substances fertilisantes qui leur sont offertes.

Agréez, monsieur, l'assurance de ma considération très-
distinguée.

Le conseiller d'État,
préfet de la Loire-Inférieure.

Signé : HENRI CHEVREAU.

**Rapport à M. le Conseiller d'État, Préfet de la Loire-
Inférieure.**

Monsieur le préfet,

La lettre que vous m'avez fait l'honneur de m'adresser le
8 janvier 1864, m'autorise à appeler votre attention sur les
phases nouvelles dans lesquelles la jurisprudence a fait entrer la
question des engrais industriels. Je m'acquitte de cette tâche
avec un sentiment plus vif que jamais des difficultés qui se pré-
sentent, lorsqu'il s'agit tout à la fois de protéger les intérêts
immenses de l'agriculture et de rester dans la stricte observance
d'une légalité dont l'insuffisance en matière de fraudes résulte
des transformations et du développement de l'industrie moderne.

Dans le rapport que j'ai eu l'honneur de vous adresser,
en 1862, sur le commerce des engrais industriels pendant la période décennale de 1850 à 1860, je me suis efforcé, monsieur
le Préfet, de démontrer l'énorme mouvement de capitaux déterminé par le commerce des engrais dans le département de
la Loire-Inférieure.

Il m'a été facile d'établir que, dans cette période, les ventes
de matières fertilisantes, faites à Nantes, représentaient *près de
quarante millions de francs,* chiffre qui devrait évidemment

subir une augmentation de 25 à 55 p. 100 environ, si on supputait l'écart qui existe entre les valeurs exprimant les livraisons faites à Nantes et les ventes faites en détail dans les campagnes. Il me serait facile d'établir que, loin d'être exagérée, cette appréciation des bénéfices du commerce intermédiaire est plutôt réduite qu'amplifiée. Cela ressortirait, par analogie, d'un fait que j'ai eu occasion de citer dans mon rapport décennal, et d'où il résulte que tel engrais dont le prix de revient est de 6 francs l'hectolitre à Nantes est vendu 8 francs (avec 5 p. 100 de remise de mesurage) sur la Prairie-au-Duc, puis définitivement 12 francs aux cultivateurs des environs de Nort, bien qu'il n'ait été grevé que de 15 centimes de transport. J'admettrai donc, pour rester dans les limites d'un calcul inattaquable, que le commerce des engrais industriels dans le département peut être représenté au minimum par 5 millions de francs. Ce chiffre a une double signification : il a ce que j'appellerai volontiers son importance intrinsèque, mais en plus l'importance relative que lui donnent les circonstances du commerce effectué dans les campagnes. En effet, un cultivateur trompé sur la composition et la valeur d'un engrais n'est pas dans une situation que l'on puisse comparer à celle du négociant éclairé et généralement connaisseur des propriétés des marchandises diverses ; à peine acheté par le cultivateur, l'engrais est employé : en cas de stérilité causée par la fraude, le type, objet de la transaction n'existe plus. Les subtilités de la législation commerciale sont mal connues ou mal saisies par le cultivateur et, si des moyens simples, si des dispositions préventives ne lui viennent en aide, on peut affirmer qu'il est complétement désarmé devant les agissements d'une fraude d'autant plus entreprenante qu'elle a le crédit à long terme pour levier. Tel fermier qui semble fort expérimenté en matière commerciale, lorsqu'il s'agit de vendre les produits du sol, est d'une désespérante crédulité en présence des offres séduisantes des marchands d'engrais. Il y a quelques mois à peine, des commis voyageurs parcouraient les campagnes de la Loire-inférieure et du Morbihan, et offraient des engrais, prétendus merveilleux, à raison de 56 francs les 100 kilogrammes. Ces engrais consistaient en sang sec mélangé de quelques centièmes de noir d'os. Les résultats obtenus furent déplorables, les doléances nombreuses, mais aucun recours ne fut légalement possible. Autant que faire se peut, la réglementation préventive doit empêcher de pareils désastres.

L'origine des mesures répressives de la fraude prises par la Loire-Inférieure, et adoptées dans plusieurs départements, n'a pas d'autre origine que ce sentiment profond de la nécessité, soutenu de la manière la plus éclatante par l'opinion publique.

Éclairer les cultivateurs sur la vraie nature d'engrais qui se ressemblent par l'aspect extérieur; donner aux commerçants honnêtes un moyen de lutter contre une concurrence de mauvais aloi; concilier, enfin, le principe d'une réglementation tutélaire avec celui de la liberté commerciale; telles sont les exigences auxquelles l'administration de la Loire-Inférieure s'est efforcée de satisfaire en obligeant les marchands, par ses arrêtés du 6 avril 1850 et du 5 juin 1855, à faire usage d'écriteaux indicateurs reproduisant le titrage commercial des substances fertilisantes offertes aux consommateurs.

Je crois devoir rappeler ici, monsieur le préfet, que l'arrêté pris, à la date du 6 avril 1850, par l'un de vos prédécesseurs, sur la proposition que j'eus l'honneur de lui faire dans ma lettre du 1er avril 1850, rendait pour la première fois obligatoire la publicité préalable donnée à la composition des engrais mis en vente. En réalité, cette mesure répondait à un besoin généralement senti. Toutes les fois, en effet, qu'il s'est agi de sauvegarder de grands intérêts, l'administration supérieure n'a pas hésité à intervenir; le poinçonnage des matières d'or et d'argent, le conditionnement des soies, la limitation du commerce de la pharmacie, l'assimilation de la tentative de délit de tromperie à la tromperie elle-même en matière de substances alimentaires (lois du 27 mars 1851, du 5 mai 1855 et du 25 juin 1857), sont les témoignages d'une sollicitude éclairée, et non les indices d'un esprit de réglementation excessive. Il y a, il y aura toujours certaines circonstances déterminées dans lesquelles l'intervention administrative devra être accordée aux populations. C'est l'un des avantages de la civilisation que de faire jouir chaque membre du corps social d'une certaine somme de protection éclairée, et l'un des caractères de la liberté même du citoyen, c'est qu'il ne soit pas désarmé par l'abstention du législateur devant les embûches d'un commerce déloyal. Le bon sens dit que tout dommage, que toute transaction vicieuse peut, à la rigueur, trouver un correctif plus ou moins efficace dans les dispositions de nos lois, et cependant la pratique a fait reconnaître que la santé publique demandait une police spéciale de la médecine et de la pharmacie, que les intérêts de quelques branches de commerce, comme celui des soies, des métaux précieux, exigeaient une réglementation. Or, le commerce des engrais industriels a-t-il des droits à l'intervention administrative? Cette question ne manque ni de gravité ni d'à-propos, et j'ai eu l'honneur d'en examiner les différents points dans le rapport décennal que j'ai eu l'honneur de vous adresser en 1862.

Indépendamment des considérations auxquelles j'ai dû me livrer, dans mon rapport de 1862, pour établir les lacunes de notre législation toutes les fois qu'il s'agit de la composition d'engrais industriels, il est un symptôme significatif et que je crois devoir, monsieur le préfet, signaler à votre attention. Il constitue la plus éclatante démonstration de ce fait, que les arrêtés préfectoraux de la Loire-Inférieure répondaient à un besoin général et profondément senti : à peine, en effet, la vente des engrais sur *écriteaux indicateurs de la composition* fut-elle rendue obligatoire dans la Loire-Inférieure, que le conseil général de l'agriculture et du commerce, le congrès central d'agriculture, le congrès de l'Association bretonne, les sociétés d'agriculture et comices de Paris, de Rouen, d'Orléans, de Narbonne, de la Sarthe ; la Société d'encouragement pour l'industrie nationale, la presque unanimité des journaux agricoles donnèrent, à l'initiative partie de Nantes, la plus vive et la plus sympathique adhésion. De leur propre mouvement ou sur la

demande de leurs conseils généraux, les préfets d'Ille-et-Vilaine,
du Morbihan, du Finistère, des Côtes-du-Nord, de la Vendée, de
Maine-et-Loire, d'Indre, de Seine-et-Marne, de l'Aisne, de la Man-
che, du Nord, de la Côte-d'Or, de la Gironde, etc., prirent des arrêtés presque tous identiques à celui du 5 juin 1853. Les analyses
propres à vulgariser la véritable composition des engrais industriels furent, grâce à ces arrêtés, faites et répandues en France par
dizaines de mille ; un commerce naguère livré au charlatanisme
le plus déplorable fut ramené sur un terrain où l'acheteur, sou-
cieux de ses intérêts, put opérer avec connaissance de cause. Enfin, comme conséquence naturelle du nouvel état de choses, de
nombreuses usines s'élevèrent en vue d'exploiter la fabrication
des engrais mixtes, la publicité de composition rendant désormais possible et facile une concurrence honorable dans ce genre
d'industrie un moment délaissé.

A Nantes seulement, quatre mille huit cents analyses ont été
faites par le service du contrôle depuis 1850 jusqu'en janvier 1864. Une seule réclamation contre les résultats fournis a
été formulée, et elle a abouti à faire constater que l'erreur,
provenant d'un échantillon vraisemblablement mal pris, s'élevait
à 4 p. 100 de phosphate de chaux. Il est difficile d'arriver, dans
une pratique de quatorze années, à un résultat plus satisfaisant.

Contrairement à l'adage : *La forme emporte le fond*, la
haute nécessité d'une réglementation dans le commerce des engrais industriels a tellement prévalu en Bretagne que, pendant
treize années consécutives, aucune réclamation ne s'est pro-
duite devant les tribunaux, en vue de combattre les mesures
en vigueur. Les marchands, poursuivis pour fraude dans le
commerce des engrais, savaient parfaitement qu'il est dangereux
de triompher en vertu du droit strict dans les questions où la
probité est en jeu. Toutefois, dans deux circonstances de date
récente, la Cour de cassation a été saisie du principe même de
la question, et elle a décidé que les arrêtés soumis à son examen n'étaient pas légalement obligatoires. La situation créée
par cette décision de la cour est de nature à éveiller l'attention,

car le *laisser-faire*, en matière de commerce des engrais industriels, amènerait bientôt un renouvellement des scandales qui, en 1850, ont motivé les plaintes si vives de l'agriculture.

La Cour de cassation, en rendant son arrêt sur l'arrêté préfectoral de la Loire-Inférieure, a émis le principe « que la police du commerce des engrais rentre dans la classe des objets confiés à la vigilance de l'autorité municipale, et que les préfets ne peuvent se substituer aux maires pour ordonner et étendre à toutes les communes d'un département des mesures qui doivent émaner du pouvoir municipal. »

Au premier abord, il semblerait que l'arrêt de la Cour de cassation, en laissant entière la grave question relative à l'obligation d'afficher la composition des engrais, ait implicitement approuvé les mesures qui consacrent cette obligation. Ce que la cour aurait seulement déclaré illégal, du moins si l'on ne considère que les termes de l'arrêt, ce serait la substitution du préfet aux maires en vue d'arriver au résultat désiré. Or, il importe grandement d'examiner avec attention s'il est possible, reprenant la question dans un ordre inverse, de faire prendre aux maires des arrêtés prescrivant la vente des engrais sur écriteaux indicateurs de la composition chimique.

La loi sur l'organisation judiciaire du 16-24 août 1790, titre XI, article 4, a confié aux maires l'inspection sur la fidélité du débit des denrées qui se vendent au poids, à l'aune ou à la mesure. . . . .

Les engrais sont des marchandises qui se vendent au poids et à la mesure, cela est vrai, mais ce que le législateur a entendu confier aux maires, c'est exclusivement la vérification du poids ou du volume, et non la constatation de la qualité ou composition de la substance vendue. Ce qui rend explicite cette intention du législateur, c'est la loi d'organisation de la police municipale du 19-22 juillet 1791, titre Ier, article 22, qui dispose que, « en cas d'infidélité des poids et mesures dans la vente des denrées et autres objets qui se débitent à la mesure, au poids ou à l'aune,

les faux poids ou fausses mesures seront confisqués et bri-
sés, » etc. . . . .

Enfin, l'ordonnance royale du 17 avril 1839 sur la vérification des poids et mesures développe et complète le mécanisme de la loi de telle sorte, *qu'il n'est pas possible,* selon moi, *d'appliquer à autre chose qu'à la nature des instruments ou des méthodes de pesage et de mesurage le principe général de la surveillance dévolue en matière commerciale aux autorités municipales.*

La tradition du ministère de l'intérieur, d'accord en cela avec la jurisprudence, a déterminé nettement les limites dans lesquelles les maires doivent exercer leur autorité, toutes les fois qu'il s'agit d'assurer la fidélité du débit des marchandises.

Il résulte de cette tradition, dont la haute valeur pratique ne saurait être méconnue, que l'autorité municipale n'a pas le droit d'astreindre les marchands forains et colporteurs à une vérification préalable, par experts, des marchandises qu'ils veulent mettre en vente, et à l'obligation d'apposer, sur chacun des objets mis en vente, en caractères lisibles, l'indication de leurs défectuosités ou de leur bon ou faux teint.

Si l'arrêt de la Cour de cassation fait allusion à la compétence des maires, lorsqu'il s'agit de la police des engrais, il est donc vraisemblable qu'il a pour but de dégager le côté le plus saillant de la question soumise à l'examen des juges, et non de déclarer que la prescription des écriteaux indicateurs de la composition sera légale à la seule condition d'émaner de l'autorité municipale. Pour la cour, en effet, le problème était double : il y avait arrêté du préfet dans une circonstance où le pouvoir de ce magistrat ne devait pas être substitué à celui des maires: tel était le premier point; il y avait ensuite le texte même de l'arrêté, mais on s'explique que la cour ne soit pas entrée dans le domaine de son appréciation, et se soit bornée à faire table rase au nom du principe le plus général, se réservant de revenir sur les mesures de police considérées en elles-mêmes, si ultérieurement elles étaient adoptées par les maires.

Lorsque, pendant une période de quatorze années, un système a reçu la plus éclatante sanction de l'opinion des agriculteurs, lorsqu'il a été appliqué dans plus de quinze départements, lorsqu'il a eu pour effet d'introduire de saines traditions commerciales en éclairant les cultivateurs sur le meilleur emploi de leurs forces vives, l'administration qui a eu l'honneur de l'inaugurer et d'en poursuivre la persévérante application, s'est par le même fait placée sur un terrain où le bien réalisé lui rend facile la concession sur une question de pure forme. Aussi bien l'irrégularité de cette forme a été endossée par le conseil général de l'agriculture et du commerce et un grand nombre d'administrateurs, en vue de répondre à un impérieux besoin de l'agriculture.

A ces caractères, l'œuvre des quatorze années écoulées apparaît pour tout esprit droit comme l'expression très-nette d'un besoin sérieux et durable de l'agriculture; mais comment satisfaire à ce besoin désormais, c'est ce qu'il convient d'examiner.

Les mesures de police développées dans l'arrêté du 6 avril 1850 avaient été, dès leur origine, l'objet d'une adhésion aussi vive que sympathique. Approuvées par M. le ministre de l'agriculture, dans sa dépêche du 22 juin 1850, ainsi que par le conseil général de l'agriculture et du commerce, elles furent rapidement appliquées dans les départements où les transactions sur les engrais industriels avaient une certaine importance. A peine, du reste, l'arrêté prescrivant l'apposition d'écriteaux indicateurs de la composition chimique sur les engrais était il pris dans la Loire-Inférieure, que l'honorable M. Jusserand saisissait l'Assemblée nationale d'un projet de loi spéciale sur la matière; quelques jours plus tard, le 10 avril 1850, un rapport délibéré dans le sein d'une commission de vingt-cinq membres et adopté à l'unanimité par le congrès central d'agriculture, concluait à ce que le gouvernement prît des mesures convenables pour *« arriver à la répression des abus du commerce des engrais. »* Dans un second rapport, qui peut être considéré comme complémentaire du premier, la même assemblée déclarait *« appuyer de toute sa sympathie la proposition faite à l'Assemblée législative par M. Jusserand, et signaler à la reconnaissance publique les heureux efforts faits dans la Loire-Inférieure. »*

Le 8 août 1851, M. Dumas, rapporteur d'une commission de l'Assemblée législative, lisait dans le sein de cette commission, ce remarquable rapport tant de fois reproduit, où l'élévation des idées le dispute à la précision des développements pratiques et à la netteté des aperçus commerciaux. « L'assemblée, disait en terminant son illustre rapporteur, votera la loi qui lui est soumise, et nous osons espérer qu'elle la votera avec empressement. » Les transformations politiques qui marquèrent l'année 1851 ne permirent pas que le vœu de M. Dumas fût accompli, et l'agriculture dut rechercher dans les arrêtés préfectoraux une défense contre les attaques d'une fraude que les développements de l'industrie rendaient chaque jour plus ingénieuse dans ses moyens d'action.

J'ai, dans un précédent rapport, reproduit, comme pièces justificatives, les nombreux témoignages d'adhésion que les sociétés d'agriculture, les comices, l'inspection de la police générale, ont successivement donnés à l'esprit d'une législation spéciale qui atteindrait les fraudes sur les engrais industriels. Dans ce même document je me suis efforcé, monsieur le préfet, d'appeler votre attention sur les effets illusoires de ce qu'on appelle le *droit commun* toutes les fois qu'il s'agit de tromperies sur la compositions des engrais, puisque, par une habitude qui est passée à l'état de tradition, la justice ne considère pas une fraude sur la *composition* comme ayant trait à la *nature* de l'engrais vendu ; je ne reviendrai pas sur cet ordre de faits, mais je dois tenter de démontrer que l'idée d'une loi sur les engrais, si souvent demandée au gouvernement, a surtout été considérée comme utile là où la réglementation a été appliquée. Je prendrai la Loire-Inférieure pour exemple.

Depuis 1850, les conseils généraux qui se sont succédé dans la Loire-Inférieure ont été appelés à étudier treize fois la question des engrais. Or, des délibérations auxquelles ils se sont livrés, ressort un symptôme bien significatif et bien propre à caractériser l'opinion de notre agriculture locale. Si, en effet, une plainte a persisté à se faire entendre, c'est celle qui accusait la répression d'être insuffisante : si un vœu a été sans cesse formulé, tantôt implicitement, mais depuis quelques années d'une manière officielle, c'est celui d'une réglementation sévère, partie de haut et par suite unitaire dans ses dispositions. Tel est l'état des esprits ; telles sont, dans les neuf dixièmes des départements où se fait un grand commerce d'engrais industriels, les désirs les plus ardents de l'agriculture. On peut affirmer qu'une loi sur les engrais serait une loi populaire dans la meilleure acception du mot. Elle donnerait satisfaction au vœu que, sur la proposition contenue dans mon rapport de 1857, le conseil général de la Loire-Inférieure a bien voulu inscrire au cahier de ses délibérations et qui, reproduit depuis sept années, est résumé dans les lignes suivantes : « *Le conseil général... considérant que la législation actuelle sur la répression des délits en matière de tromperie sur la qualité de la chose vendue, se montre insuffisante à sauvegarder les intérêts agricoles, émet le vœu que les tribunaux soient armés de dispositions législatives plus sévères pour réprimer énergiquement les fraudes qui se commettent journellement dans le commerce des noirs résidus de raffinerie.* »

Dans la session de 1862, et conformément aux conclusions du rapport décennal sur le commerce des engrais que j'avais eu l'honneur de soumettre à sa commission d'agriculture, le conseil général de la Loire-Inférieure, persévérant dans l'expression de sa première pensée, a voulu la préciser avec plus de netteté que jamais : « *Le conseil,* — est-il inscrit au cahier de ses vœux, — *en présence des fraudes qui se continuent dans le commerce des engrais, et dont les utiles mesures prises par l'administration ne peuvent que diminuer le nombre sans atteindre le mal dans sa source, émet le vœu qu'une loi spéciale vienne édicter les dispositions suivantes :*

« 1° *Que la mise en vente des engrais soit assimilée à la vente* (1) ;

« 2° *Que l'indication de la composition des engrais soit obligatoire* ;

« 3° *Que le vendeur soit tenu de remettre à l'acheteur un échantillon cacheté prélevé sur l'engrais vendu et en indiquant la composition.* »

Je n'insisterai pas, monsieur le préfet, sur la nature de ces témoignages réitérés qui plaident en faveur d'une législation sur les engrais, je ne saurais omettre toutefois de constater que, même à une époque où le gouvernement dégage si heureusement l'initiative et la spontanéité du citoyen des entraves que leur opposait telle ou telle réglementation industrielle, l'idée d'une loi sur les engrais n'a été confondue par aucun esprit éclairé avec les conceptions propres à nuire aux libres allures de la production. En protégeant le cultivateur livré sans défense aux entreprises de la fraude et de la cupidité, la loi crée la vraie liberté et vivifie le travail ; la liberté des transactions, en effet, ne saurait être confondue avec la protection implicite accordée à ceux qui déshonorent le commerce.

Qu'il me soit permis de le redire, ce qu'on appelle le droit commun est souvent un vain mot en pareille occurrence , et l'on ne saurait trop répéter que, la loi commerciale seule pouvant dans le plus grand nombre des cas protéger le consommateur, il faudrait que ce dernier, pour sauvegarder ses intérêts, accomplît un luxe de prise d'échantillons, d'apposition de doubles cachets, de correspondances authentiques engageant les parties contractantes, de comparaison entre les échantillons et les produits livrés, enfin de recours en forme aux tribunaux compétents, qui le plus souvent est incompatible avec les habitudes du cultivateur.

En admettant, toutefois, l'hypothèse d'une complète abstention

---

1 Cette disposition est en vigueur pour le commerce des substances alimentaires. (Lois du 27 mars 1851, 5 mai 1855 et 23 juin 1857.)

9

de l'administration supérieure, il est permis de se demander si les localités dans lesquelles l'agriculture a des coutumes spéciales en raison de la nature géologique du sol ou de l'importance des défrichements, devront rester exposées aux tristes conséquences de la falsification des engrais commerciaux. Il serait facile de se convaincre que l'opinion publique agricole, si favorable ordinairement à tout ce qui limite la réglementation, accueillerait avec une profonde tristesse l'application d'une telle doctrine.

En se reportant aux témoignages de sollicitude que l'administration a toujours cru devoir accorder à certains commerces, tels que celui des soies, des matières d'or et d'argent, des substances pharmaceutiques, etc., on arrive, par induction, à reconnaître qu'à tous égards le commerce des engrais artificiels peut être, dans l'intérêt général, doté d'une organisation officielle de laboratoires de contrôle.

Ces laboratoires, qui sous l'empire des arrêtés préfectoraux avaient été installés dans plusieurs départements, pourraient être désignés par l'administration aux populations agricoles comme propres à fournir et à vulgariser les documents analytiques nécessaires à l'appréciation des engrais commerciaux : ils auraient, dès lors, un caractère officiel qui les assimilerait aux bureaux de conditionnement des soies.

En vue de rénumérer le chimiste chargé de l'analyse *facultative* des engrais vendus ou mis en vente, un traitement lui serait alloué par le département ; mais, en même temps, un tarif de frais d'analyse serait adopté dans des conditions telles, que le titre des engrais pût être communiqué aux agriculteurs à des conditions extrêmement modérées.

Sous l'influence de telles dispositions, l'agriculture pourrait être relativement protégée contre les envahissements d'une fraude qui atteint les sources même de la production nationale. De leur côté, les commerçants honnêtes, qui n'ont pas intérêt à dissimuler la composition des engrais qu'ils mettent en vente, seraient encouragés à donner un salutaire exemple en conservant dans leurs magasins ces *écriteaux indicateurs de la com-*

position, qui signifient tout à la fois : loyauté du vendeur, garantie de l'acheteur, enseignement utile pour l'un et l'autre.

J'ai l'honneur d'être, avec un profond respect,
Monsieur le préfet,
Votre très-humble et très-obéissant serviteur,

ADOLPHE BOBIERRE.

Extrait des Actes administratifs de la Préfecture de la Loire-Inférieure

MAI 1864

CIRCULAIRE A MM. LES MAIRES DU DÉPARTEMENT

CRÉATION D'UN LABORATOIRE PUBLIC

POUR L'ESSAI DES ENGRAIS ET DES MATIÈRES UTILES
A L'AGRICULTURE

Réformation du Règlement du 16 juin 1853 sur le commerce des engrais.

Nantes, le 20 mai 1864.

MONSIEUR LE MAIRE,

Les mesures organisées dans le département, afin d'assurer la loyauté des transactions relatives aux engrais, ont rendu des services réels à l'agriculture. Elles ont, tout à la fois, protégé et éclairé les cultivateurs.

La surveillance exercée par l'administration n'a sans doute pas fait disparaître toutes les fraudes, mais elle en a notablement diminué l'importance et le nombre. D'autre part, la publicité des analyses qu'exigeait la vérification des engrais mis en vente, a vulgarisé l'habitude de ne les apprécier que d'après l'épreuve chimique des principes qui les rendent plus ou moins précieux.

La valeur d'une substance propre à fertiliser la terre ne peut être, en effet, fixée par son aspect extérieur, ses caractères physiques, ou certaines analogies apparentes. La somme des principes utiles qui y sont réunis peut seule révéler sa richesse. D'un autre côté, ce n'est que par la détermination des éléments qui manquent à tel sol particulier, qu'il est possible de reconnaître s'il convient d'y introduire les principes fertilisants contenu dans cette substance.

Cette double vérité, que les recherches de la science, unie aux observations de la pratique agricole, ont mises dans tout son jour, a été portée, par le système de vérification administratives des engrais et par la vulgarisation des analyses, à la connaissance des plus modestes cultivateurs. L'expérience acquise sur ce point et généralement répandue, oblige en quelque sorte les marchands à ne vendre un engrais qu'en déclarant et garantissant la composition constatée par l'analyse chimique.

Les dispositions spéciales destinées à prévenir les tromperies sur la nature des engrais industriels, ont ainsi, par leurs résultats mêmes, perdu une partie de leur utilité dans le département. Il est devenu possible, je le crois, de supprimer toute réglementation, *et de laisser à chacun le soin de faire opérer la vérification qui doit lui garantir la réalité et la quantité des principes fertilisants qu'il recherche, et partant la réussite de ses travaux.*

La jurisprudence de la cour de cassation ne permet pas, d'ailleurs, de maintenir des dispositions dont l'autorité est infirmée par de récents arrêts.

Par ces divers motifs, j'ai rapporté l'arrêté de mon prédécesseur, en date du 16 juin 1853.

La suppression de ces mesures protectrices ne fera naître aucun inconvénient, si l'attention et le contrôle de chaque intéressé suppléent à la surveillance et à la vérification administratives qui vont cesser. Mais, pour assurer cette action de l'initiative individuelle, il est nécessaire de mettre à la disposition de tous, les moyens :

1° De s'éclairer sur la composition des engrais, de connaître l'existence et la proportion des principes qu'ils contiennent et en vue desquels leur achat est effectué ;

Et 2° d'obtenir des indications semblables sur les sols cultivés ou à exploiter, sur les eaux employées à l'irrigation, et sur les divers produits dont l'industrie agricole fait usage.

J'ai, dans ce but, créé à Nantes un laboratoire public, dans lequel tout agriculteur, fabricant ou marchand du département pourra, moyennant une modique rétribution, faire opérer l'essai chimique des engrais, des sols, des eaux d'irrigation, etc., en un mot, de toute matière utile à l'agriculture, dont il aurait intérêt à connaître la composition.

Ce laboratoire sera dirigé par le chimiste distingué qui, depuis plusieurs années, est chargé des analyses accomplies sous le contrôle de l'administration. M. Bobierre a puissamment contribué par ses recherches, par son enseignement, par ses publications, à répandre dans notre pays les saines notions de la science et de l'expérience sur la composition, le mode d'action et les effets des agents de fertilisation du sol. Sa direction sera une garantie de la valeur scientifique des essais qui seront effectués dans le laboratoire départemental.

L'envoi de la plupart des échantillons de noirs, guanos, etc., pourra être fait par la poste, qui effectue ce transport suivant un faible tarif. Les échantillons plus considérables seront facilement adressés au laboratoire par l'intermédiaire des commissionnaires ou des messageries.

Le prix des analyses pourra être payé à l'aide de mandats sur la poste, qui, au-dessous de 10 fr., sont exempts du timbre.

Le laboratoire, établi au chef-lieu du département, offrira donc à tous les intéressés un moyen sûr et facile de vérification et de garantie. Ceux qui seraient trompés ne pourront imputer qu'à leur négligence le préjudice dont ils seront les victimes. Mais il importe, vous le comprendrez, monsieur le maire, de donner la plus grande publicité à cette création, afin que tous ceux dont elle est destinée à servir et protéger les intérêts, puissent en profiter.

J'ai l'honneur de vous adresser l'arrêté qne je viens de prendre pour l'organisation de ce laboratoire ; il est suivi du tarif des rais à payer pour chaque analyse.

Je vous prie de faire afficher et publier dans votre commune, l'exemplaire en placard que je vous transmets.

J'ai chargé M. l'inspecteur d'agriculture du département de se mettre, dans ses tournées, en rapport avec les cultivateurs, de leur faire connaître l'existence, le but et les avantages de ce laboratoire, et de les éclairer sur les services qu'il est appelé à rendre.

Je compte, monsieur le maire, sur tout votre concours pour aider M. l'inspecteur dans cette utile mission.

Recevez, etc.

Le conseiller d'État, préfet de la Loire-Inférieure,

Henri Chevreau.

ARRÊTÉ DU 20 MAI 1864.

Nous, conseiller d'État, préfet de la Loire-Inférieure, grand-officier de l'Ordre impérial de la Légion d'honneur,

Vu l'arrêté réglementaire pris le 16 juin 1853 par l'un de nos prédécesseurs, concernant le commerce des engrais dans le département ;

Vu l'arrêté de la cour de cassation, du 6 novembre 1863 ;

Vu le budget du département pour 1864 ;

Vu la loi du 10 mai 1838 ;

Considérant que l'autorité des mesures réglementaires prescrites afin d'assurer la loyauté du commerce des engrais dans le département est infirmée par la jurisprudence de la cour de cassation, et qu'il convient, en conséquence, de réformer ces prescriptions ;

Considérant que l'importance des transactions sur les engrais dans le département et l'intérêt de l'agriculture ne permettent pas de supprimer ces mesures protectrices sans mettre à la disposition des intéressés un moyen sûr et facile de s'éclairer sur la nature, la composition, la qualité des engrais et des matières utiles à l'industrie agricole ;

ARRÊTONS :

ARTICLE PREMIER.

Il est créé à Nantes un laboratoire public pour l'analyse des engrais et des matières utiles à l'agriculture.

ART. 2.

Tout fabricant, marchand ou agriculteur du département pourra faire opérer, dans ce laboratoire, l'essai chimique des engrais, amendements, sols, eaux d'irrigation, etc., dont il lui serait utile de connaître la composition.

ART. 3.

Un tarif, approuvé par nous, déterminera les frais à payer pour chaque analyse.

ART. 4.

M. Bobierre, docteur ès sciences, est nommé directeur du laboratoire départemental.

ART. 5.

Est et demeure rapporté l'arrêté réglementaire du 16 juin 1853 sur le commerce des engrais dans le département.

Nantes, le 20 mai 1864.

Le conseiller d'État, préfet de la Loire-Inférieure,

HENRI CHEVREAU.

Laboratoire départemental pour l'essai des engrais et des matières utiles à l'agriculture.

TARIF DES FRAIS D'ANALYSE

Essai d'un noir animal. (Détermination du charbon, des matières siliceuses, du phosphate de chaux et du carbonate de chaux.)| . . . . fr.   5

Essai d'un guano. (Détermination des principes volatils, des matières siliceuses, des phosphates.)   5

Essai d'une poudrette. (Détermination de la substance organique, du sable, des phosphates.)   5

Essai d'un engrais mixte à base de noir animal. .   5

Essai d'un phosphate fossile. (Dosage de l'acide phosphorique et du résidu siliceux.)   5

Essai d'une charrée.   5

Dosage d'azote d'un guano, d'une poudrette, d'un engrais mixte.   5

Détermination d'une espèce minérale, en vue des besoins agricoles.   5

Analyse qualitative d'une eau d'irrigation.   8

Analyse quantitative d'une eau comprenant la détermination du résidu fixe et la composition qualitative des principes constituants.   12

Analyse physique d'un sol. (Détermination du gravier, des débris organiques, du sable, de l'argile.)   15

Essai d'un soufre pour soufrage des vignes. (Dosage des matières étrangères au soufre.)   5

Approuvé :

Le conseiller d'État, préfet de la Loire-Inférieure,

HENRI CHEVREAU.

Nantes, le 20 mai 1861.

—

Laboratoire public pour l'essai des engrais. — Analyse gratuite des échantillons revêtus du cachet de la mairie.

Nantes, le 25 février 1867.

Monsieur le maire,

Un arrêté de l'un de mes prédécesseurs, en date du **20 mai 1864**, a créé à Nantes un laboratoire public pour l'analyse des engrais et des matières employées à l'agriculture.

Le but de cette utile institution est de mettre à la disposition de tous les intéressés des moyens faciles de contrôle et de garantie.

Nous touchons à une époque de l'année où le commerce des engrais industriels prend une grande extension ; il importe que les cultivateurs soient mis à même de recourir à un établissement qui est appelé à leur procurer des avantages réels.

Afin d'obtenir ce résultat, j'ai décidé que tout échantillon d'engrais qui parviendra, revêtu du cachet de la mairie, à M. le directeur du laboratoire public des engrais, sera analysé *gratuitement*.

Je vous recommande, monsieur le maire, de porter cette mesure à la connaissance de vos administrés, et d'appeler leur attention sur les avantages qu'elle peut leur offrir.

Recevez, etc.

Le préfet de la Loire-Inférieure,

L. Bourlon de Rouvre.

COMICE AGRICOLE D'ORLÉANS

DÉPARTEMENT DU LOIRET

Analyse gratuite des engrais destinés par les cultivateurs aux exploitations agricoles du département.

La vente des engrais industriels avait été réglementée dans un certain nombre de départements et notamment dans le Loiret, par des arrêtés préfectoraux; mais la cour de cassation ayant décidé que la police des engrais appartenait spécialement aux maires, leurs dispositions avaient été rapportées ou demeuraient sans efficacité. Les agriculteurs se trouvaient ainsi exposés, soit à des tromperies, soit à payer bien au delà de leur valeur les substances qu'ils achetaient pour fertiliser leurs champs.

Les comices d'Orléans, de Pithiviers, de Montargis et de Gien se sont concertés pour demander le changement de ce fâcheux état de choses, et M. le préfet, toujours disposé à favoriser tout ce qui peut faire prospérer l'agriculture, a, pour seconder leurs vœux, pris un arrêté qui doit avoir une grande portée dans notre département.

Désormais il n'y aura plus de plaintes fondées de la part des cultivateurs, et ceux-là seuls d'entre eux qui n'auront pas voulu s'éclairer pourront être exposés à de sérieux mécomptes.

La mesure dont M. le préfet vient de prendre l'initiative a le grand avantage de n'invoquer aucune pénalité nouvelle et de laisser toute liberté, toute sécurité au commerce loyal des engrais.

Elle ne peut manquer d'être parfaitement accueillie par la généralité des maires, qui auront toujours la faculté de faire connaître au public la composition telle qu'elle était annoncée par les marchands et leur constatation telle qu'elle sera résultée de leur analyse dans le laboratoire officiel.

Le Président du Comice,

Alex. Perrot.

PRÉFECTURE DU LOIRET

A MM. LES MAIRES DU DÉPARTEMENT

Analyse des engrais industriels. — Institution d'un laboratoire gratuit à Orléans.

Orléans, le 16 décembre 1865.

Messieurs,

Dans le but de donner satisfaction aux plaintes des cultivateurs relativement à la mauvaise qualité des engrais qui leur sont vendus, j'ai provoqué auprès du Conseil général du département l'allocation des fonds nécessaires à l'institution, à Orléans, d'un laboratoire de chimie qui serait affecté à l'analyse de ces engrais.

Les comices agricoles se sont généreusement associés à la

mesure et, par un arrêté que vous trouverez ci-après, j'en ai prescrit la réalisation.

Je ne puis, messieurs, que vous engager à unir vos efforts à ceux de l'administration, pour sauvegarder les intérêts de nos cultivateurs. Leur procurer le bénéfice de la gratuité de l'analyse des engrais est un moyen utile de remédier à un état de choses qui n'est pas moins contraire aux progrès de l'agriculture que préjudiciable aux intérêts de nos fabricants qui font un commerce consciencieux.

Afin de donner à l'institution son véritable caractère, et qu'il soit bien établi que les cultivateurs seuls ont le droit d'en profiter, les demandes d'analyse gratuite devront vous être soumises, avec déclaration que l'engrais acheté par le postulant ne sera affecté à aucune autre destination qu'à son exploitation agricole ou à celle de sa famille.

Cette déclaration, que vous voudrez bien certifier, sera ensuite envoyée, avec l'échantillon, à M. Gaucheron, à Orléans, par les soins et aux frais de l'intéressé.

Au surplus, une notice sera ultérieurement rédigée par les comices agricoles réunis, pour servir de guide aux cultivateurs relativement à l'achat, à l'emploi et à la valeur des engrais industriels.

Je ne saurais trop vous recommander, messieurs, de veiller avec sollicitude à l'exécution de mon arrêté et de lui donner la plus grande publicité.

Agréez, messieurs, l'assurance de ma considération très-distinguée.

Le Préfet du Loiret.

Dureau.

ARRÊTÉ

Nous, préfet du département du Loiret, officier de l'Ordre impérial de la Légion d'honneur, etc.,

Vu les propositions que nous avons présentées au Conseil général, à sa session de 1865, pour l'installation à Orléans d'un laboratoire de chimie, spécialement destiné à l'analyse des engrais industriels ;

Vu la délibération de cette assemblée portant vote de la dépense à faire pour la réalisation de ce projet ;

Vu les délibérations des comices agricoles des arrondissements d'Orléans, Pithiviers, Montargis et Gien, sur l'utilité de cette institution ;

ARRÊTONS :

Art. 1er. Dans l'intérêt des cultivateurs du département, un laboratoire de chimie agricole est institué à Orléans, sous la direction de M. Gaucheron, pharmacien et professeur du cours de chimie agricole en ladite ville, pour l'analyse des engrais industriels.

Art. 2. Cette analyse sera effectuée gratuitement, sous les conditions suivantes :

1° La demande devra être faite, devant le maire de sa commune, par le cultivateur qui déclarera que l'engrais à analyser est destiné à son exploitation agricole.

Cette déclaration sera certifiée par le maire.

2° L'échantillon de l'engrais sera mis dans une boîte fermée ou dans un flacon cacheté ; l'étiquette scellée portera la signature du vendeur.

3° Le flacon, ainsi cacheté et étiqueté et contenant environ 100 grammes d'engrais, sera envoyé avec la demande certifiée par le maire, franc de port, à M. Gaucheron, pharmacien-chimiste à Orléans, rue Jeanne-d'Arc.

Art. 3. Les maires, qui ont spécialement dans leurs attributions la police des engrais, inviteront les cultivateurs à demander au vendeur d'engrais une facture indiquant les principales substances qui en constituent la richesse, telles que l'azote, le phosphate, la potasse, etc.

Art. 4. Les présentes dispositions recevront leur exécution à partir du 1er janvier 1866.

Art. 5. Le présent arrêté sera inséré au *Recueil des Actes Administratifs*. Il sera publié dans les communes par les soins de MM. les maires qui sont, en outre, chargés d'en assurer l'exécution, chacun en ce qui le concerne.

Fait à Orléans, le 16 décembre 1865.

Le Préfet du Loiret,

DUREAU.

Des dispositions analogues sont en vigueur dans un grand nombre de départements, et l'initiative libérale des Conseils généraux, des Sociétés d'agriculture, des comices, tend à vulgariser, au grand avantage des cultivateurs, les résultats de l'analyse chimique des engrais. A Nantes, à Orléans, à Rennes, au Mans, à Saint-Brieuc, à Rouen, à Amiens, à Arras, à Strasbourg, à Bordeaux, à Lyon, à Châteauroux, à Nancy et dans plusieurs autres villes, des laboratoires de chimie agricole existent aujourd'hui. Il est désirable que pour beaucoup d'entre eux la faculté de *faire analyser gratuitement* se développe. Le jour où les agriculteurs comprendront qu'il y a pour eux un intérêt de premier ordre à se rendre compte de la composition de ce qu'ils achètent, un immense progrès sera réalisé.

Loi répressive des fraudes dans la vente des engrais.
(Mai 1867)

Le Corps législatif a voté, et le Pouvoir exécutif a promulgué, au mois de juillet suivant, la loi dont la teneur suit :

Art. 1er. Seront punis d'un emprisonnement de trois mois à

un an et d'une amende de cinquante francs à deux mille francs :

1° Ceux qui, en vendant ou en mettant en vente des engrais ou amendements, auront trompé ou tenté de tromper l'acheteur, soit sur leur nature, leur composition ou le dosage des éléments qu'ils contiennent, soit sur leur provenance, soit en les désignant sous un nom qui, d'après l'usage, est donné à d'autres substances fertilisantes ;

2° Ceux qui, sans avoir prévenu l'acheteur, auront vendu ou tenté de vendre des engrais ou amendements qu'ils sauront être falsifiés ou avariés ;

Le tout sans préjudice de l'application de l'art. 1er, § 3 de la loi du 27 mars 1851, en cas de tromperie sur la quantité de la marchandise.

Art. 2. En cas de récidive, commise dans les cinq ans qui ont suivi la condamnation, la peine pourra être élevée jusques au double du maximum des peines édictées par l'art. 1er de la présente loi.

Art. 3. Les tribunaux pourront ordonner que les jugements de condamnation soient, par extraits ou intégralement, aux frais des condamnés, affichés dans les lieux et publiés dans les journaux qu'ils détermineront.

Art. 4. L'art. 463 du Code pénal est applicable aux délits prévus par la présente loi.

TABLE DES MATIÈRES

A

ACHAT DE NOIR ANIMAL. — Précautions que doit prendre le cultivateur. 74
AIR. — Ce qu'il renferme. . 10
AMMONIAQUE. — Dégagé du fumier. 50
ANALYSES GRATUITES. . . . 114-158
ARRÊTS DE CASSATION en matière de commerce des engrais. 124
AZOTE. — Des excréments. . 59
— N'a pas toujours la même valeur. 54

B

BON MARCHÉ. — Ses inconvénients. 9

C

CASSE-OS Rohart. 59
CENDRES D'OS. 61
CHARBON de schiste. 78
CHARRÉES. — Leur falsification. 96
— Leur achat. 97
— Leur analyse. 98
CHAULAGE. — Nuit à l'action du noir animal. 105

— Sa nécessité indiquée par les plantes. 106
CHAUX. — Son mode d'action. 99
— Dispense-t-elle du fumier? 100
— Faut-il la mélanger avec le fumier? 101
— Matières inutiles qu'elle renferme. 104
— Son analyse. 105
— Vendue au volume. . . id.
— de pierre. . . . . . . id.
— de terre. . . . . id.
— Peut-elle être remplacée par la marne? 103
COKE DE BOG-HEAD. — Mélangé au noir. 76
COMMERCE. — Sa liberté. . . 113
CRÉDIT. — L'éviter. 75
— Ses abus. 78
CULTURES. — Leur alternance. 16

D

DROIT COMMUN. — En matière de commerce d'engrais. . . 129

E

EAU. — Dangereuse pour les bestiaux. 22

ÉCRITEAUX indicateurs de la composition des engrais. . 111
— Leur utilité. 112
ENGRAIS CHIMIQUES. — Leur véritable rôle. 56
— Leur emploi exclusif. . 31
ENGRAIS LIQUIDES. 42
ENGRAIS. — Leur véritable valeur. 80
— Leur échange contre les produits du sol. 79
ÉTAT PHYSIQUE D'UN ENGRAIS. — Se paye. 70
EXCRÉMENTS DE L'HOMME. — Leur composition. 39

F

FRAUDES SUR LES ENGRAIS. — Leur importance. 120
— Opinion du conseil général de la Loire - Inférieure. 128
— Réprimées par la loi. . 109
— Sur la nature. 110
— Sur l'origine.. 110
— Sur la composition. . . id.
— Loi répressive. 143
FROMENT. — Son rendement. 57
FUMIER. — Il faut le soigner. 25
— Étude de son action. . 26
— Sa composition. 27
— Renferme-t-il des matières inutiles?. 29
— Est-ce un mal nécessaire?. 26
— N'agit il qu'en raison de ses principes chimiquement déterminés?. . . . 28
— Sa véritable action. . . 31
— Réduit en cendres. . . 27
— Ses cendres sont des engrais chimiques.. 28
— Arrosé avec le purin. . 54
— Son amélioration. . . . 52
— de Grignon. 30
— artificiel. 33
— amélioré par le phosphate fossile.. 35

— Faut-il renoncer à son emploi ?.. 56

G

GÉLATINE. 59
GRAINES. — Leurs falsifications en Angleterre. . . . 115
GUANO PÉRUVIEN. — Diffère des guanos non azotés. 58
— Sa composition.. . . . 45
— Ses falsifications. . . . 47
— Son plomb d'origine. . 44
— Son épuisement. . . . 45
— des Chinchas.. . . . . id.
— de Guanape. . . . . . id.
GUANOS PHOSPHATÉS. — Composition.. 91
GUANO. — Artificiel.. . . . 51-55
— mélangé. 49-89
— avarié.. 45
— falsifié. 50
— Malden-Island.. 89
— Mexillonnes. . . . . . id.
— Baker. . . . . id.
— dit perfectionné. . . . 48
— Dispense-t-il de fumer? 50
— Sa formation.. 42
— Danger de son emploi exclusif.. 51
— Ses mélanges non frauduleux. 50
— Son prix 44

H

HUMUS. 81

J

JACHÈRE. — Son rôle. . . . 14

L

LABORATOIRES AGRICOLES.—Arrêté de constitution. . 132-139
— Tarif de leurs opérations.. 157
— Leur but. 115
— Renseignements qu'on peut en attendre. 19

Loi sur la falsification des Engrais.......... 111

M

Maires. — Limite de leurs attributions en matière de fraudes.......... 125
Marne............ 107
— Son analyse...... *id.*
Mélanges de tourbe et de noir. 77

N

Noir animal........ 61
— neuf.......... 62
— Ses propriétés absorbantes........... *id.*
— Sa composition. . . .62-66
— Son humidité..... 67
— Est-il toujours falsifié ? *id.*
— Son azote....... *id.*
— L'acheteur paye sa couleur............ 73
— chaud......... 82
— Son action dans le sol. 68
— fraudé......... 75
— Modifications qu'il subit dans les fabriques de sucre. 63-64
Noir de raffinerie..... 68
— Calcul pour son achat. 69
— falsifié par des charbons légers........... 76
— mélangé avec des phosphates fossiles........ 74
Noir de sucrerie...... 69
— Calcul pour son achat. 71

O

Os. — Sa composition chimique............ 57
— Sa texture....... 55
— Sa matière grasse... 56
— Ses parties calcaires.. *id.*
— Agit lentement dans le sol............ 57
— Son action peut être activée............ *id.*
— dégélatinés....... 60

— Machine à broyer. . . 58
Osséine........... 56

P

Petits Noirs......... 77
Phosphate de chaux. — Sa composition........ 85
— des os......... 84
— Acide......... *id.*
— N'a pas toujours la même valeur.......... 54
— Son prix dans le noir animal.......... 70
— Son prix dans divers engrais...........72-80
— d'Espagne....... 71
— Du Nassau....... 91
Phosphate fossile. — Sa découverte.......... 85-7
— Sa composition 88
— Son emploi avantageux. 86
— ajouté au fumier.... 55
— dans les défrichements. 86
— Son prix........ 88
— est falsifié....... 87
Phospho-Guano. — Sa composition........... 92
— Son emploi...... *id.*
— Son plomb d'origine.. 94
Phosphorite. — Sa composition........... 91
— employée pour remplacer le noir animal 90
Plantes. — Leurs appétits spéciaux......... 12
— Leurs rapports avec l'air. 11
— Leurs rapports avec le sol............ *id.*
— caractéristiques des terrains........... 18
Pommes de terre.—Ce qu'elles enlèvent au sol....... 15
Poudrette. — Son origine. 39
— Sa composition..... 40
— Sa falsification..... *id.*
— pousse à la paille... 41
Principes atmosphériques. — 11
— minéraux....... *id.*

PRINCIPES FERTILISANTS.—Leur valeur varie avec leur état physique. 54

R

RÉCOLTES, — Ce qu'elles renferment. 11
RÉGLEMENTATION. — Est le caractère de la civilisation. 121

S

SALPÊTRE. 63
SAVANT. — Son rôle. 2
SCIENCE. — Services qu'elle rend à l'agriculture. . . . 4-5
SCHISTE. — Employé pour frauder le noir animal. . 76

T

TERRAINS. — Leur nature. . 115

— Caractères botaniques correspondant à leur composition chimique. 17
TERRE. — Son repos. . . . 15
— S'épuise à la longue. . id.
TOURBE. — Son action dans le sol. 78
— mélangée avec le noir. 76
— animalisée. 77
TROMPERIE.—Tentative punie. 111

U

URINES. — Source d'azote. . 39
— Quantité fournie par l'homme. . . . . id.

V

VENDÉE. — Ses terres fertiles. 15

PARIS.   SIMON RAÇON ET COMP., RUE D'ERFURTH, 1.

Pommes de terre
Betteraves
Froment (grain)
Froment (Paille)
Avoine (grain)
Avoine (Paille)
Trèfle
Raves
Fèves
Foin
Froment (grain et Paille)
Potasse et Soude
Acide phosphorique
Chaux
Autres Matières

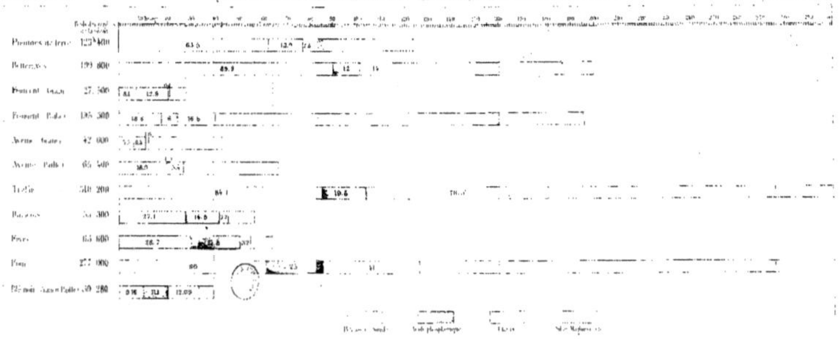

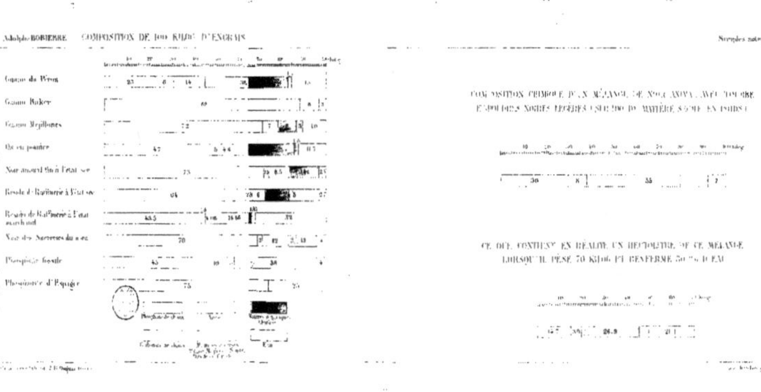

Adolphe ROBIERRE   COMPOSITION DE 100 KILOG D'ENGRAIS
Guano du Pérou
Guano Baker
Guano Mejillones
Os en poudre
Noir animal fin à l'état sec
Résidu de Raffinerie à l'état sec
Résidu de Raffinerie à l'état marchand
Noir des Sucreries du nord
Poussier fossile
Poussière d'Engrais
COMPOSITION CHIMIQUE D'UN MÉLANGE DE NOIR ANIMAL AVEC TOURBE
CE QUI CONTIENT EN RÉALITÉ UN HECTOLITRE DE CE MÉLANGE
LORSQU'IL PÈSE 70 KILOG ET RENFERME 50 % D'EAU

ANNÉE SCOLAIRE

1869 - 1870

ENSEIGNEMENT SECONDAIRE

CLASSIQUE

ENSEIGNEMENT SPÉCIAL

SCIENCES

VICTOR MASSON ET FILS

17, PLACE DE L'ÉCOLE-DE-MÉDECINE

PARIS

OUVRAGES DE M. RÉGNAULT
MEMBRE DE L'INSTITUT

COURS ÉLÉMENTAIRE DE CHIMIE
SIXIÈME ÉDITION
4 vol. in-18, avec 2 pl. et 689 fig. dans le texte.   20 fr.

PREMIERS ÉLÉMENTS DE CHIMIE
CINQUIÈME ÉDITION
1 vol. in-18, avec figures............ 5 fr.

ABRÉGÉ DE CHIMIE
Par MM. PELOUZE et FREMY, membres de l'Institut
Cinquième édition. — 3 vol. in-18, avec figures........ 6 fr.

ON PEUT AVOIR SÉPARÉMENT :

1re partie : **Généralités, Corps simples non métalliques**. 1 vol.,
  avec 96 fig.. 2 fr.
2e partie : **Métaux et métallurgie.** 1 vol., avec 46 fig........ 2 fr.
3e partie : **Chimie organique.** 1 vol., avec 32 fig.............. 2 fr.

LEÇONS ÉLÉMENTAIRES DE CHIMIE MODERNE
Par M. WURTZ, membre de l'Institut
1 vol. in-18, avec figures dans le texte........ 7 fr.

MM. GERHARDT et CHANCEL
PRÉCIS D'ANALYSE CHIMIQUE QUALITATIVE

Ouvrage contenant : les opérations et les manipulations générales de l'analyse, la préparation et l'usage des réactifs, les caractères des acides et des bases. — Les essais au chalumeau. — La marche de l'analyse qualitative, la détermination des sels, l'essai des eaux potables, l'analyse des eaux minérales, l'analyse des mélanges gazeux, l'analyse immédiate des matières végétales et animales, la recherche des poisons, l'exposition de l'analyse spectrométrique. 3e édit. 1 vol. grand in-18, avec fig............ 7 fr. 50

PRÉCIS D'ANALYSE CHIMIQUE QUANTITATIVE

Ouvrage contenant : la description des appareils et des opérations générales de l'analyse quantitative, les méthodes de dosage et de séparation des bases et des acides, l'analyse par les liqueurs titrées, l'analyse organique, l'analyse des gaz, l'analyse des eaux minérales, des cendres, des terres arables, l'exposition du calcul des analyses. 2e édit. 1 vol. grand in-18, avec figures.. 7 fr. 50

COURS ÉLÉMENTAIRE

D'HISTOIRE NATURELLE

PAR

MM. MILNE-EDWARDS, A. DE JUSSIEU, BEUDANT

3 volumes gr. in-18

ZOOLOGIE, par M. MILNE-EDWARDS. 10e édition, avec 497 figures... 6 fr.
BOTANIQUE, par M. A. DE JUSSIEU. 9e édition, avec 812 figures..... 6 fr.
MINÉRALOGIE ET GÉOLOGIE, par M. BEUDANT. 12e édition, 800 fig. 6 fr.

CAHIERS D'HISTOIRE NATURELLE

PAR MM. MILNE-EDWARDS ET ACHILLE COMTE

ZOOLOGIE, avec 15 planches.................................... 2 fr.
BOTANIQUE, avec 9 planches................................... 2 fr.
GÉOLOGIE, avec 5 cartes....................................... 2 fr.

STRUCTURE

ET

PHYSIOLOGIE DE L'HOMME

DÉMONTRÉES A L'AIDE DE FIGURES COLORIÉES

découpées et superposées

PAR M. ACHILLE COMTE

9e ÉDITION

1 vol. grand in-18, avec 8 planches gravées en taille-douce
et figures dans le texte. 4 fr. 50

Éléments de Botanique, par M. PAYER, membre de l'Institut. 1 vol.
grand in-18, avec 664 figures dans le texte................... 5 fr.

Cours de Minéralogie (*histoire naturelle*), par M. A. LEYMERIE, professeur à la Faculté des sciences de Toulouse. 2e édition. 2 vol. in-8, avec
332 figures... 12 fr.

Éléments de Minéralogie et de Géologie, comprenant des notions
de lithologie, et un lexique où se trouvent indiqués les caractères géné-
riques des fossiles, par M. A. LEYMERIE. 1 vol. in-18, en 2 parties, avec
500 figures dans le texte...................................... 9 fr.

LE BACCALAURÉAT ÈS SCIENCES

Résumé des connaissances exigées par le Programme officiel

PAR MM. BRISBARRE, BURAT, A. MILNE-EDWARDS, O. GRÉARD,
FERNET, LEVASSEUR, MAUDUIT, TISSOT, VACQUANT

3 vol. in-18 compactes d'environ 3,000 pages, avec près de 2,000 figures.
Prix : 25 francs.

TOME　I. — Partie littéraire........................　6 fr. 　»
TOME　II. — Mathématiques........................　11 fr. 　»
TOME III. — Physique — Chimie — Histoire naturelle.　8 fr. 50

Cette collection comprend treize traités développés de façon à suffire à tous les besoins de l'enseignement sans perdre le cachet de concision et de précision qui les rend si précieux aux élèves.

Les tomes II et III ont été réimprimés en *complète concordance* avec les nouveaux programmes, revus et refondus avec le plus grand soin, et enrichis de figures nouvelles.

ON VEND SÉPARÉMENT :

Précis d'Histoire de France, par E. LEVASSEUR, professeur au lycée Napoléon. 1 vol. in-18............................　3 fr. 50
Précis de Philosophie, par S. BRISBARRE, professeur au collége Rollin. 1 vol. in-18, avec figures dans le texte.....................　1 fr. 50
Précis de Géographie, par E. LEVASSEUR. 1 vol. in-18......　1 fr. 75
Précis de Littérature, par O. GRÉARD, inspecteur d'Académie. 1 vol. in-18...　1 fr. 25

M. MAUDUIT
PROFESSEUR AU LYCÉE SAINT-LOUIS

PRÉCIS D'ARITHMÉTIQUE

2e ÉDITION, CONFORME AUX PROGRAMMES

Broché............　1 fr. 20 — Cartonné..........　1 fr. 40

PRÉCIS D'ALGÈBRE

2e ÉDITION, CONFORME AUX PROGRAMMES

Broché..........　1 fr. 40 — Cartonné........　1 fr. 60

M. CH. VACQUANT
PROFESSEUR AU LYCÉE SAINT-LOUIS

PRÉCIS DE GÉOMÉTRIE

2e ÉDITION, CONFORME AUX PROGRAMMES
457 figures

Broché............　2 fr. 60 — Cartonné..........　2 fr. 80

PRÉCIS DE TRIGONOMÉTRIE

2e ÉDITION, CONFORME AUX PROGRAMMES

48 figures

Broché......... 1 fr. 20 — Cartonné........ 1 fr. 40

M. TISSOT

PROFESSEUR AU LYCÉE SAINT-LOUIS

PRÉCIS DE GÉOMÉTRIE DESCRIPTIVE

2e ÉDITION, CONFORME AUX PROGRAMMES

96 figures

Broché.......... 1 fr. » — Cartonné........ 1 fr. 15

PRÉCIS DE COSMOGRAPHIE

2e ÉDITION, CONFORME AUX PROGRAMMES

185 figures

Broché........ 2 fr. 40 — Cartonné........ 2 fr. 60

M. BURAT

PROFESSEUR AU LYCÉE SAINT-LOUIS

PRÉCIS DE MÉCANIQUE

2e ÉDITION, CONFORME AUX PROGRAMMES

200 figures

Broché . ... 3 fr. » — Cartonné........ 3 fr. 25

M. E. FERNET

PROFESSEUR AU LYCÉE SAINT-LOUIS

PRÉCIS DE PHYSIQUE

2e ÉDITION, CONFORME AUX PROGRAMMES

272 figures

Broché........ 3 fr. » — Cartonné........ 3 fr. 25

M. L. TROOST

PRÉCIS DE CHIMIE

2e ÉDITION, CONFORME AUX PROGRAMMES

213 figures

Broché......... 3 fr. » — Cartonné........ 3 fr. 25

M. A. MILNE-EDWARDS

PROFESSEUR A L'ÉCOLE DE PHARMACIE

PRÉCIS D'HISTOIRE NATURELLE

ZOOLOGIE, — BOTANIQUE, — GÉOLOGIE

2e ÉDITION

391 figures

Broché......... 3 fr. » — Cartonné........ 3 fr. 25

PREMIÈRE ANNÉE

CHIMIE GÉNÉRALE ET APPLIQUÉE

Par M. J. GIRARDIN

Recteur de l'Académie de Clermont,
Correspondant de l'Institut, membre associé de l'Académie impériale de médecine, etc.

1re Année. 1 vol. petit in-8, avec 86 figures.... 1 fr. 80
Cartonné, toile anglaise..................... 2 »

PHYSIQUE GÉNÉRALE ET APPLIQUÉE

Par M. VACCA

AGRÉGÉ DE L'ENSEIGNEMENT SPÉCIAL, PROFESSEUR AU LYCÉE DE METZ

OUVRAGE RÉDIGÉ CONFORMÉMENT AUX PROGRAMMES

1re Année. 1 vol. petit in-8, avec 198 fig....... 2 fr. 20
Le même, cart. toile anglaise.................. 2 fr. 50

TRAITÉ DE GEOMÉTRIE

COMPRENANT LES APPLICATIONS AUX ARTS ET A L'INDUSTRIE

Par M. Ch. ROGUET

OUVRAGE RÉDIGÉ CONFORMÉMENT AUX PROGRAMMES

1re Année. *Géométrie plane.* 1 vol. petit in-8, avec 326 fig.　4 fr.
Cartonné............. 4 fr. 25

TRAITÉ D'ARITHMÉTIQUE

PAR LE MÊME

1 vol. petit in-8................................. 3 fr. »
Cartonné..................................... 3 fr. 25

Ce traité présente, dans un cadre très-resserré, toutes les théories de l'arithmétique étudiées de la manière la plus complète. Toutes les difficultés ont été approfondies avec soin. Aussi ce livre s'adresse-t-il d'abord aux candidats des différentes Écoles du gouvernement ; en outre, il renferme tous les détails nécessaires pour les applications de l'arithmétique aux questions de commerce, de finance et d'industrie, ce qui justifie son titre d'ouvrage approprié à l'*enseignement spécial* et à l'enseignement professionnel.

EN PRÉPARATION :

Histoire naturelle, par M. Noguès, professeur à l'École centrale Lyonnaise.

DEUXIÈME ANNÉE

TRAITÉ DE GÉOMÉTRIE

COMPRENANT

LES APPLICATIONS AUX ARTS ET A L'INDUSTRIE

Par M. Ch. ROGUET

OUVRAGE RÉDIGÉ CONFORMÉMENT AUX PROGRAMMES

2ᵉ ANNÉE. *Géométrie dans l'espace.* 1 vol. petit in-18, avec 300 fig.   4 fr
LE MÊME, cart., toile anglaise. 4 fr. 30

CHIMIE GÉNÉRALE ET APPLIQUÉE

Par M. J. GIRARDIN

RECTEUR DE L'ACADÉMIE DE CLERMONT

2ᵉ ANNÉE. 1 vol. petit in-8, avec 202 fig........ 3 fr. 50
LE MÊME, cartonné, toile anglaise............. 3 fr. 80

PHYSIQUE GÉNÉRALE ET APPLIQUÉE

PAR M. VACCA

PROFESSEUR AU LYCÉE DE METZ

OUVRAGE RÉDIGÉ CONFORMÉMENT AUX PROGRAMMES

2ᵉ ANNÉE. 1 vol. petit in-8, avec 280 figures........... 3 fr. 50
LE MÊME, cartonné, toile anglaise.................... 3 fr. 80

EN PRÉPARATION :

HISTOIRE NATURELLE

ZOOLOGIE — BOTANIQUE — GÉOLOGIE

Par M. NOGUÈS

Professeur à l'École centrale Lyonnaise

TROISIÈME ANNÉE

PRINCIPES DE MÉCANIQUE
EXPÉRIMENTALE ET APPLIQUÉE

Par M. GUIRAUDET

PROFESSEUR A LA FACULTÉ DES SCIENCES DE LILLE
ANCIEN ÉLÈVE DE L'ÉCOLE NORMALE

1ʳᵉ PARTIE — 3ᵉ ANNÉE

1 vol. petit in-8, avec 176 figures dans le texte......... 2 fr. 80
LE MÊME, cartonné, toile anglaise..................... 3 fr. 10

CHIMIE
GÉNÉRALE ET APPLIQUÉE

PAR

M. J. GIRARDIN

Recteur de l'Académie de Clermont

3ᵉ ANNÉE. 1 fort vol. petit in-8, avec 193 figures......... 3 fr. 50
Cartonné, toile anglaise............................. 3 fr. 80

EN PRÉPARATION :

Algèbre, par M. Ch. ROGUET.

★ **Géométrie descriptive,** par M. Ch. ROGUET.

★ **Cosmographie,** par M. GUIRAUDET.

Physique, par M. VACCA.

Histoire naturelle, par M. Noguès, professeur à l'École centrale
Lyonnaise.

Les volumes indiqués comme en préparation, mais marqués d'un ★
paraîtront pour la rentrée de 1869.

QUATRIÈME ANNÉE

HISTOIRE NATURELLE APPLIQUÉE

A L'AGRICULTURE, A L'INDUSTRIE, AU COMMERCE

ET A TOUS LES ARTS TECHNOLOGIQUES

Par M. A. F. NOGUÈS

PROFESSEUR A L'ÉCOLE CENTRALE LYONNAISE
ET A L'ÉCOLE SAINT-THOMAS D'AQUIN

QUATRIÈME ANNÉE

ZOOLOGIE — BOTANIQUE — GÉOLOGIE

1 fort vol. petit in-8, avec figures dans le texte...... 3 fr. 50
Cartonné, toile anglaise........................... 3 fr. 80

CHIMIE GÉNÉRALE & APPLIQUÉE

Par M. J. GIRARDIN

RECTEUR DE L'ACADÉMIE DE CLERMONT

4e ANNÉE. 1 fort vol. petit in-8, avec 285 figures ... 4 fr. »
Cartonné, toile anglaise........................... 4 fr. 30

PRINCIPES DE MÉCANIQUE

EXPÉRIMENTALE ET APPLIQUÉE

Par M. GUIRAUDET

PROFESSEUR A LA FACULTÉ DES SCIENCES DE LILLE

2e partie (4e ANNÉE), avec 266 figures dans le texte. 2 fr. 80
Cartonné, toile anglaise........................... 3 fr. 10

EN PRÉPARATION :

Algèbre, par M. ROGUET.

Mécanique, par MM. FUSTEGUERAS, professeur de mécanique et
de travaux graphiques au collége annexe de Cluny, et HERGOT,
préparateur à l'École normale d'enseignement secondaire spécial.
1 vol. petit in-8.

**Trigonométrie. — Courbes usuelles. — Géométrie descrip-
tive. — Physique.**

PLANCHES MURALES

D'HISTOIRE NATURELLE

Par ACHILLE COMTE

100 Planches sur fond noir coloriées avec le plus grand soin de chacune près d'un mètre carré

SERVANT A TRAITER TOUTES LES QUESTIONS DE ZOOLOGIE,
DE BOTANIQUE, DE GÉOLOGIE, AUSSI EXACTEMENT ET D'UNE FAÇON PLUS FACILE
QU'A L'AIDE DES OBJETS MÊMES.

Prix de la collection de cent feuilles...................... 350 fr.
— montée sur toile, avec gorge et rouleau.............. 650 fr.
Chaque feuille séparément, accompagnée de sa légende. .. 4 fr.
— — — — montée. 7 fr.

— SUJETS —

ZOOLOGIE. — 52 planches en 60 feuilles.

1. Tube digestif et ses annexes (3 feuilles).
2. Instruments de préhension des aliments.
3. Tête humaine osseuse désarticulée.
4. Coupe verticale de la bouche et du pharynx.
5. Structure et développement des dents.
6. Dentition et mastication.
7. Anatomie comparée de l'appareil dentaire.
8. Anatomie comparée du tube digestif.
9. Anatomie comparée du tube digestif.
10. Cœur. — Artères. — Veines.
11. Figures théoriques de l'appareil circulatoire.
12. Appareil de la circulation chez un mammifère.
13. Id. chez un oiseau et un reptile.
14. Id. chez un reptile et un poisson.
15. Id. chez les invertébrés.
16. Appareil de la respiration chez l'insecte.
17. Appareil de la respiration chez l'homme. — Face antérieure.
18. Appareil de la respiration chez l'homme. — Face postérieure.
19. Anatomie comparée de l'appareil respiratoire.
20. Anatomie comparée de l'apparei respiratoire. — Org. de la voix.
21. Absorption et marche du chyle. } 2 feuilles en une planche.
22. Structure des globules du sang.
23. Squelette de l'homme (2 feuill.).
24. Squelettes de mammifères.
25. Squelettes de mammifères.
26. Squelette d'oiseau.
27. Squelette de couleuvre.
28. Squelette de tortue.
29. Squelettes de lézard et de grenouille.
30. Squelette de poisson.
31. Squelettes de mammifères.
32. Squelettes de mammifères.
33. Comparaison des pattes de mammifères.
34. Squelette d'oiseau. — Plumes.
35. Comparaison des têtes et pattes d'oiseaux.
36. Comparaison des têtes et pattes de reptiles.
37. Muscles, structure, modes d'action.

38. Appareil cérébro-spinal (2 feuill.).
39. Anatomie du cerveau.
40. Distribution des nerfs (2 feuill.).
41. Nerfs du grand sympathique (2 feuilles).
42. Anatomie comparée du cerveau.
43. Anatomie comparée du système nerveux.
44. Appareils accessoires de la vision.
45. Globe oculaire. — Marche des rayons lumineux.
46. Anatomie comparée de la vision.
47. Vue d'ensemble de l'appareil de l'audition.
48. Détails de l'appareil de l'audition.
49. Appareil de l'odorat et du goût.
50. Anatomie comparée de l'appareil olfactif.
51. Appareils et organes du toucher.
52. Structure de l'œuf.
53. Classification des vertébrés.
54. Classification des invertébrés.

(53 et 54 : 2 feuilles en une planche.)

BOTANIQUE. — 26 planches.

1. Tissus élémentaires des végétaux.
2. Fibres. Vaisseaux. Trachées.
3. Germination. Ovaire. Ovule.
4. Formes diverses de racines.
5. Absorption par les racines.
6. Racines adventives. Boutures.
7. Structure des feuilles. Stipules. Pétioles.
8. Formes diverses de feuilles.
9. Arrangement des feuilles sur la tige.
10. Structure comparée des tiges.
11. Greffes et divers modes de reproduction.
12. Tiges souterraines. Bulbes.
13. Fleur. Enveloppes florales.
14. Étamines. Pistiles. Nectaires.
15. Position variée des étamines et des pistiles.
16. Inflorescence.
17. Structure comparée des fruits.
18. Caractères des familles végétales.
19. Caractères des familles végétales.
20. Caractères des familles végétales.
21. Caractères des familles végétales.
22. Caractères des familles végétales.
23. Caractères des familles végétales.
24. Plantes vénéneuses.
25. Champignons comestibles.
26. Champignons vénéneux.

GÉOLOGIE. — 16 planches.

1. Coupe de l'écorce solide du globe (2 feuilles).
2. Volcans. Stalactites. Stalagmites.
3. Stratification concordante. — discordante.
4. Fossiles des terrains siluriens.
5. Fossiles des terrains carbonifères.
6. Fossiles des terrains jurassiques.
6 bis. Fossiles des terrains jurassiques.
7. Fossiles des terrains crétacés.
7 bis. Fossiles des terrains crétacés.
8. Fossiles des terrains tertiaires.
8 bis. Fossiles des terrains tertiaires.
9. Terrains de transport.
10. Puits artésiens.

Dessins muraux pour la mécanique, imprimés en couleur sur 4 feuilles colombier d'ensemble 1,45 ou 1,15, chaque dessin.....   6 fr.
— Le même, avec gorge et rouleau...............................   13 fr.

SUJETS

Roue en dessous — Roue de côté — Roue en dessus — Turbine Fontaine — Turbine Gouval — Bélier hydraulique — Locomobile — Locomotive.

VICTOR MASSON ET FILS

LIBRAIRIE MÉDICALE, SCIENTIFIQUE ET AGRICOLE

CORBEIL, typ. et stér. de CRÉTÉ.

A LA MÊME LIBRAIRIE

Leçons de chimie agricole. *L'atmosphère, le sol et les engrais,* par M. Adolphe Bobierre. Deuxième édition. (*Sous presse.*)

Le livre de la ferme et des maisons de campagne, publié sous la direction de M. P. Joigneaux, avec la collaboration des principaux agronomes. Deuxième édition. 2 vol. grand in-8 jésus, de 2,160 pages, imprimés sur deux colonnes, avec 1,790 figures dans le texte. . . . . 32 »

Études des vignobles de France, pour servir à l'enseignement de la viticulture et de la vinification française, par le docteur Jules Guyot. 5 vol. grand in-8, avec environ 1,000 gravures dans le texte. . . . . 50 »

Des fumiers et autres engrais animaux, par M. le professeur Girardin. Sixième édition, revue, corrigée et augmentée. 1 vol. in-16, avec 62 figures dans le texte. 2 50

La doctrine des engrais chimiques au point de vue des intérêts agricoles. Réponse aux conférences de Vincennes. Examen des résultats obtenus, par M. F. Rohart. 1 v. in-18. 5 »

Traité élémentaire d'agriculture, par MM. les professeurs du Breuil et Girardin. Deuxième édition. 2 vol. in-18, avec 955 figures dans le texte.. . . . . 16 »

Journal de l'agriculture, *de la ferme et des maisons de campagne, de l'horticulture, de l'économie rurale et des intérêts de la propriété,* fondé et dirigé par J.-A. Barral, paraissant les 5 et 20 de chaque mois, en un cahier de 160 pages, avec des planches noires et coloriées hors texte. Prix d'abonnement : un an, 25 fr. ; six mois, 13 fr. ; trois mois, 7 fr.

Bulletin hebdomadaire de l'agriculture, paraissant tous les samedis et contenant, outre de nombreux articles de pratique, un bulletin des Halles de Paris, très-complet. — Un an, 8 fr. ; six mois, 4 fr. 50 ; un numéro, 20 c.

De la création des prairies irriguées. Principes économiques et techniques ; suivis d'un appendice sur le drainage et l'irrigation par le drainage, d'après Petersen, par W.-F Dünkelberg, traduit de l'allemand par Achille Cochard. 1 vol. grand in-8, avec 2 planches en couleurs et 95 figures dans le texte. 5 »